ASTERIA WARP
逆引きリファレンス

大月 宇美 =著

インフォテリア株式会社 =監修

データ連携ミドルウェア国内実績No1！
フロー作成の基本からWebサービス連携まで
「ASTERIA WARP」頻出フローを徹底解説

インプレス

- 本書の内容は、2016年4月の情報に基づいています。記載したURLやサービス内容などは、予告なく変更される可能性があります。
- 本書の内容によって生じる直接的または間接的被害について、著者ならびに弊社では一切の責任を負いかねます。
- Infoteria、インフォテリア、ASTERIAは、インフォテリア株式会社の登録商標です。
- MicrosoftおよびWindowsは、米国Microsoft Corporationの、米国およびその他の国における登録商標または商標です。
- 本書中の社名、製品・サービス名などは、一般に各社の商標、または登録商標です。本文中にⒸ、Ⓡ、™は表示していません。

はじめに

クラウドの利用やスマートフォン所有が当たり前となり、プログラム開発が学生の必修科目になろうとしている時代です。

しかし、未だ多くの企業の中では、プログラムは専門家である開発者に任せて作るものだと認識されているのではないでしょうか？

ASTERIA WARPは、「データ連携ミドルウェア」という分類をされる企業向けのソフトウェアです。アイコンをドラッグ＆ドロップする簡単なグラフィカル操作で、異なるシステム間のデータを連携し、業務を効率化することが主な用途です。

しかしながら、その適応範囲はデータ連携にとどまらず、プログラム言語とほぼ同等の処理を行うことができる製品でもあります。つまりASTERIA WARPを使うと、プログラム開発者でないビジネス部門の方であっても、ITを活用してさまざまなビジネス改革を実現できるのです。

今や経営とITは切り離せないものとなり、ビジネスにはスピード感がますます重要になってきています。ITを駆使してアイデアをすぐに実現できる企業、また変化に迅速に対応できる企業が、今後この競争社会を生き残っていくことでしょう。

本書では、ASTERIA WARPの使い方を目的別にわかりやすく解説しています。「ITは専門家に任せるもの」と思われていたビジネス部門の方でも自ら取り組み、アイデアを自ら具現化していくことができる内容となっています。

私達インフォテリアはプログラム開発者だけでなく、ビジネスの現場にいらっしゃるすべての方に、ITを使いこなし、ビジネスを動かす担い手になっていただければと考えております。

インフォテリア株式会社

シニアプロダクトマネージャー

森 一弥

目次

はじめに iii
本書の読み方 viii

第1章　フロー作成の基本　001

- 新しいフローを作成するには　新規プロジェクト／新規フローの作成 002
- 定型のフローを追加するには　フローのテンプレート 004
- フローを完成させるには　終了コンポーネントの配置 005
- フローの記述を確認するには　プロジェクトのコンパイル 006
- フローを実行するには　フローの実行 007
- ヘルプを参照するには　ヘルプの活用 008

第2章　ファイル操作とストリーム定義　009

- ファイルを読み込むには　FileGetコンポーネント／「ファイルパス」プロパティ 010
- ストリームの型とプロパティを変更するには　ストリームとストリーム定義 012
- CSVファイルを処理するには　CSVストリームのプロパティ 014
- フィールド定義を編集するには　ストリームのフィールド定義 015
- ファイルへデータを書き込むには　FilePutコンポーネント 017
- ファイル一覧を取得するには　FileListコンポーネント 018
- ファイルやフォルダーをコピーするには　CopyFileコンポーネント 019
- ファイルやフォルダーを削除するには　DeleteFileコンポーネント 020
- ファイルを1行ずつ処理するには　RecordGetコンポーネント 021
- ファイルやフォルダーを圧縮／展開するには　「アーカイブ」タブ 022
- ストリームの型を変換するには　Converterコンポーネント 023
- ストリームを一時的に保存し利用するには　StreamPut／StreamGetコンポーネント 024
- ストリーム定義を再利用するには　ストリーム定義セット 026
- フィールド定義を再利用するには　フィールド定義のインポート／エクスポート 028

第3章　マッピングとデータ変換　029

- データのマッピングを行うには　Mapperコンポーネント（マッパー） ……… 030
- データを加工するには　マッパー関数 ……… 032
- 日付データを加工するには　マッパー関数（日付） ……… 034
- 文字列データを加工するには　マッパー関数（文字列／正規表現） ……… 036
- ファイルパスを参照するには　FilePathストリーム変数の利用 ……… 041
- ファイルパスを動的に設定するには　出力ストリームの「ファイルパス」プロパティの設定 ……… 043
- 変数に値を設定するには　フロー変数の設定 ……… 044
- 変数の値を参照するには　変数の値の参照／プロパティ式 ……… 046
- マッピング定義を見やすくするには　レイヤーの利用 ……… 048
- マッピングに条件を付けるには　条件付きレイヤー ……… 050
- 実行結果をシミュレートするには　マッピングシミュレーター ……… 052
- マッパー関数を組み合わせて使うには　関数／関数コレクション ……… 054
- 入力データをチェックするには　Validationコンポーネント ……… 056

第4章　フロー制御　057

- 繰り返し処理を行うには　ループ処理 ……… 058
- 繰り返しの終了を設定するには　ループの終了／中断 ……… 061
- フローを条件によって分岐させるには　条件分岐（ブランチ） ……… 062
- フローを並行的に分岐させるには　パラレル分岐処理 ……… 066
- エラー処理を設定するには　例外処理 ……… 068
- エラー処理フローを作成するには　エラー処理フローの作成 ……… 070
- エラーの内容で処理を分岐させるには　BranchByExceptionコンポーネント ……… 072
- エラー処理後にメインフローに戻るようにするには　ExceptionReturnコンポーネント ……… 074
- エラーを発生させるには　Exceptionコンポーネント ……… 075
- 別のフローを呼び出すには　サブフローの利用 ……… 076
- 次のフローを呼び出すには　NextFlowコンポーネント／次に実行するフロー ……… 080
- 別のユーザーのフローを実行するには　FlowInvokerコンポーネント ……… 081
- サブフローを並列に実行するには　ParallelSubFlowコンポーネント／パラレルサブフロー ……… 082

第5章　ExcelファイルとPDFの処理　083

- Excelファイルからデータを読み込むには　Excelデータの取得 084
- Excelファイルから単一データを取得するには　単一セルからのExcelデータの取得 088
- Excelファイルにデータを書き込むには　Excelデータの更新 090
- セルの装飾情報を取得するには　セルの書式情報の取得 094
- セルの装飾情報を設定するには　セルの書式情報の設定 096
- キーを使ってExcelデータを更新するには　キーの設定／「書出し処理」プロパティ 098
- Excelのレコードを罫線で区切るには　キーブレイク罫線 100
- Excelファイルにシートを追加するには　新規シートへの出力 101
- Excelファイルのシート一覧を取得するには　ExcelSheetListコンポーネント 102
- Excelファイルのシートを削除するには　ExcelSheetDeleteコンポーネント 103
- ExcelからPDFドキュメントを作成するには　PDFイメージの出力 104

第6章　データベース連携とレコード処理　107

- コネクションを作成するには　RDBコネクションの作成 108
- データベースからデータを読み込むには　RDBデータの取得 110
- データベースへデータを書き込むには　RDBデータの更新 114
- 任意のSQL文を実行するには　SQLCallコンポーネント 118
- 入力レコードとRDBレコードとの差分を処理するには　RDBDiffコンポーネント 119
- コネクションを動的に変更するには　DynamicConnectionコンポーネント 121
- フローのトランザクション化を設定するには　トランザクション化 122
- テーブル定義書を作成するには　「テーブル定義書作成」機能 123
- レコードを処理するには　「レコード」タブ 124
- マッパーでRDBからデータを得るには　TableDB関数 129

第7章　メールとFTP　131

- メールを送信するには　SMTPコネクション／SimpleMailコンポーネント 132
- メールにファイルを添付するには　添付ファイル付きメールの送信 134
- メールの受信を設定するには　POP3／IMAP4 136
- メールの受信時にフローを起動するには　メール監視起動のフロー 137

FTPを利用するには　FTPクライアントとしての利用 140
フローサービスでFTPを利用するには　FTPサービスの設定と利用 143
FTPの受信時にフローを起動するには　FTP起動のフロー 145

第8章　フローの実行とデバッグ　147

ブラウザから実行できるようにするには　HttpStart／HttpEnd／HTTP起動のフロー 148
URLリダイレクションで実行するには　URLリダイレクション／ドキュメントルート 150
フローをスケジュール登録して実行するには　実行設定／スケジュール起動 152
フローからスケジュールを設定するには　「スケジュール」タブ 154
フローを一定時間停止するには　Sleepコンポーネント 156
フローを排他制御するには　Mutexコンポーネント 157
フローの中でJavaコードを実行するには　JavaInterpreterコンポーネント 158
フローの中で外部プログラムを実行するには　EXEコンポーネント 160
フローをステップ実行するには　フローのデバッグ 161
ログ出力を設定するには　ログ出力設定 164
ログを表示するには　ログビューアー 166

第9章　Webサービスとサーバー設定　169

HTTPサービスを利用するには　RESTコンポーネント 170
HTMLにデータを差し込むには　Velocityコンポーネント 174
JSONを利用するには　JSONDecode／JSONEncode／HttpEnd 176
HTMLを解析してデータを取得するには　HtmlParseコンポーネント 178
Webサーバーのポート番号を変更するには　ポート番号の変更 180
URL実行のリクエストをダンプするには　HTTPリスナーの編集 181
証明書を作成するには　SSL／サーバー証明書／クライアント証明書 182
SSLを使えるようにするには　HTTPSリスナーの有効化 183
SSLのデバッグログを取得するには　HTTPSリスナーの編集 184

索引 185
参考情報 191

本書の読み方

　本書は、ASTERIA WARPの「フローサービス」の機能と操作について、目的別に手順を解説した逆引きリファレンスです。フローサービスの開発ツールである「フローデザイナー」と、一部はフローサービスの運用管理ツールである「フローサービス管理コンソール」（FSMC）を使って、さまざまなデータ活用の方法を解説しています。

本書の構成

本書の各章は以下のように構成されています。

　　第1章　フロー作成の基本
　　第2章　ファイル操作とストリーム定義
　　第3章　マッピングとデータ変換
　　第4章　フロー制御
　　第5章　ExcelファイルとPDFの処理
　　第6章　データベース連携とレコード処理
　　第7章　メールとFTP
　　第8章　フローの実行とデバッグ
　　第9章　Webサービスとサーバー設定

　各章は、目的別に見出し（タイトル）のついた1～5ページの手順解説から構成されます。副題（サブタイトル）として、機能名やコンポーネント名を記載し、また、具体的な手順見出し（小タイトル）も示しています。
　手順解説では、操作の順番と画面を示し、より見やすくなるよう配置しました。手順解説に含まれない関連情報やその他の補足情報は、「HINT」（ヒント）や「CAUTION」（注意）の小欄にまとめています。
　目次や索引、各ページの見出しを使って知りたい項目を探し、目的の手順説明や各コンポーネントの使い方を参照してください。

実行環境

本書は、以下のソフトウェアを使用して動作確認および執筆しています。

- ASTERIA WARP Windows 64bit版
  （製品バージョン：4.9.1）
- Windows 10 Home
- Microsoft Edge
- フローデザイナーWindows版
- Microsoft Excel 2016
- Adobe Acrobat Reader DC

　動作環境や、ASTERIA WARP製品についての詳しい情報は、巻末に掲載されている参考情報のリンク先の各サイトでご確認ください。

第 1 章

フロー作成の基本

- 002 新しいフローを作成するには
- 004 定型のフローを追加するには
- 005 フローを完成させるには
- 006 フローの記述を確認するには
- 007 フローを実行するには
- 008 ヘルプを参照するには

新規プロジェクト／新規フローの作成

新しいフローを作成するには

フローサービスでは、「フロー」という単位を用いてデータ処理を記述していきます。複数のフローをまとめて管理するものが「プロジェクト」です。ファイルはプロジェクト単位で保存されます。新しいプロジェクトを作成する際に、新しいフローが1つ作成されます。

新規プロジェクトを作成する

1 フローサービスに接続し、ツリーペインで接続先サーバーを選択する

2 ツールバーの「プロジェクトの作成」アイコンをクリックする

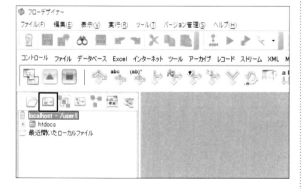

HINT
ツリーペインで接続先を右クリックし、メニューから「プロジェクトの作成」を選択しても同様に操作できます。

3 「新規プロジェクトの作成」ダイアログが表示される

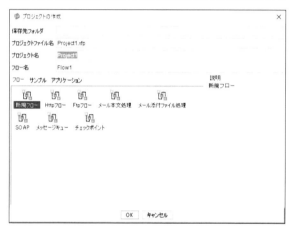

4 プロジェクト名とフロー名を確認（または変更）する

5 フローの種別を選択する

6 「OK」をクリックしてダイアログを閉じる

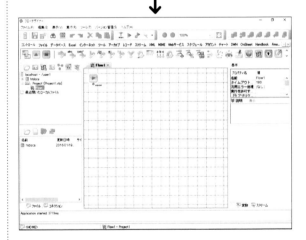

選択していたサーバーツリーの下にプロジェクトアイコンが追加され、新しいフローも1つ追加されます。

HINT

プロジェクトやフローの名前を変更するには

プロジェクト名やフロー名はあとから変更することもできます。ツリーウィンドウに表示されたプロジェクト名またはフロー名を右クリックし、メニューから「プロジェクト名の変更」または「フロー名の変更」を選択して、表示されるダイアログに新しい名前を入力します。

CAUTION

プロジェクト名やフロー名には、日本語や全角の「（）」（かっこ）を使用できますが、半角の「()」は使用できません。また、プロジェクトファイル名に日本語を使用することはできません。

HINT

フローサービスで作成するファイルは、プロジェクトファイル、または拡張子からxfpファイルと呼ばれます。

プロジェクトを削除するには

ツリーペインでプロジェクト名を右クリックし、表示されるメニューから「削除」を選択して、確認のダイアログで「はい」をクリックします。

フローのテンプレート

定型のフローを追加するには

1つのプロジェクト内に、複数のフローを作成できます。フローを追加する場合、基本的な「新規フロー」以外に、あらかじめコンポーネントや変数などが設定された定型の「テンプレート」も利用できます。作成したフローをテンプレートとして登録することも可能です。

テンプレートを利用してフローを追加する

1 フローを追加するプロジェクトを選択し、ツールバーの「フローの作成」をクリックする

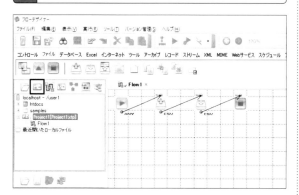

2 「フローの作成」ダイアログでフローの名前を入力し、テンプレートを選択する

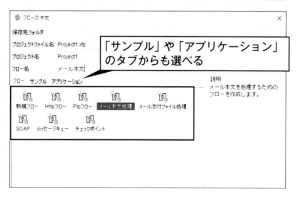

「サンプル」や「アプリケーション」のタブからも選べる

3 「OK」をクリックしてダイアログを閉じると、新しいフローが追加される

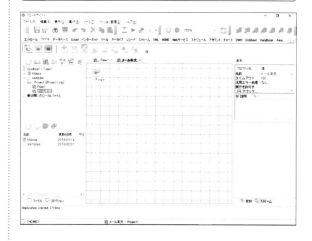

プロジェクトの下に、テンプレートをもとに作成された新しいフローが追加され、フローのウィンドウも追加されます。

HINT

フローをテンプレートとして登録するには

フローを右クリックし、メニューから「テンプレートとして登録」を選択して、表示されるダイアログでフローに名前を付けて「OK」をクリックします。テンプレートとして登録すると、「フローの作成」ダイアログの一覧に、そのフローが表示されるようになります。

フローを削除するには

削除したいフローを右クリックし、メニューから「削除」をクリックします。確認のダイアログが表示されるので、削除する場合は「はい」をクリックします。

終了コンポーネントの配置

フローを完成させるには

さまざまなコンポーネントの中から処理に合ったものを配置することで、フローの構成を形作ることができます。フローの終わりには、終了コンポーネントを配置してフローを完成させます。よく使われる終了コンポーネントとして、EndとEndResponseの2つの種類があります。

Endコンポーネントを配置する

1 パレットのEndコンポーネント（「フローを終了します」）をワークスペースへドラッグする

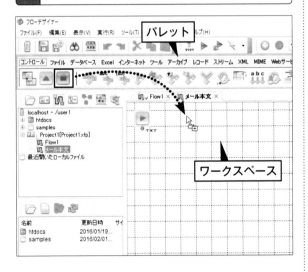

2 終了コンポーネントが配置され、接続線で連結される

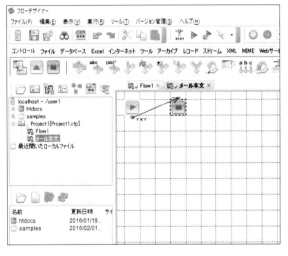

HINT

EndとEndResponseの使い分け

よく使われるフローの終了コンポーネントとして、終了コンポーネントの入力ストリームをフローの結果とする（出力ストリームを返す）EndResponseコンポーネントと、終了コンポーネントの入力ストリームの有無にかかわらずフローの結果（ストリーム）を出力しないEndコンポーネントがあります。Endコンポーネントのほうがレスポンスを返さないぶん、パフォーマンスは良くなります。

HINT

一度つないだ接続線は、Ctrlキーを押しながらコンポーネントのコネクタ部分（接続線がつながる小さい丸印）をクリックし、新しい連結先へドラッグすることでつなぎ替えることができます。

開始コンポーネント

フローは必ず開始コンポーネントから始まります。開始コンポーネントには、StartとHttpStartの2種類があります。Startは、通常のフローを実行するためのコンポーネントで、HttpStartは、HTTPから起動するフローを作成する場合に使用します。

プロジェクトのコンパイル

フローの記述を確認するには

フローの記述に間違いがないかどうかを確認するには、コンパイルを実行します。コンパイルはプロジェクト単位で行われ、メッセージペインに結果が表示されます。フローが処理可能な場合、コンパイルは正常に終了し、処理が不可能なフローの場合はコンパイルエラーになります。

フローのコンパイルを実行する

1 ツールバーの「コンパイル」アイコンをクリックする

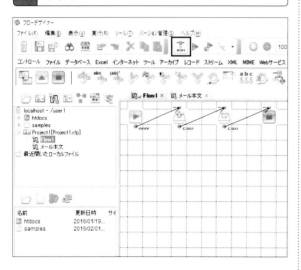

2 コンパイルが実行され、メッセージペインに結果が表示される

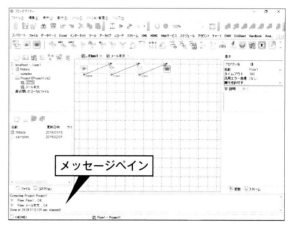

メッセージペイン

選択中のプロジェクトのコンパイルが実行され、結果がメッセージペインに表示されます。フローの記述に誤りがなければ、プロジェクト内の各フローについて、「Flow# … OK」(#は番号)というメッセージで示されます。

HINT

コンパイルを実行するその他の方法
フローが選択された状態で「実行」メニューの「コンパイル」を選択しても同様に実行できます。

メッセージペイン内の表示を消すには
メッセージペインを右クリックし、メニューから「消去」を選択することで、メッセージペイン内の表示をすべて消去できます。

HINT

プロジェクトの保存とコンパイル
フローデザイナーの初期設定では、コンパイルは、プロジェクトの保存時に毎回実行されます。この設定は、「ツール」メニューの「環境設定」を選択して表示される「環境設定」ダイアログの「全体」タブにある、「保存時にコンパイルする」項目のチェックマークの有無で変更できます。

フローの実行

フローを実行するには

実際のシステム運用時には、HTTP起動やスケジュール起動など、運用に合わせてフローを実行させますが、開発時にはメニュー操作からいつでもフローを実行できます。ツールバーの「実行」アイコンや「実行」メニュー、F5キーからすばやく操作が可能です。

フローを今すぐ実行する

1 ツリーペインでフローを選択し、ツールバーの「実行」アイコンをクリックする

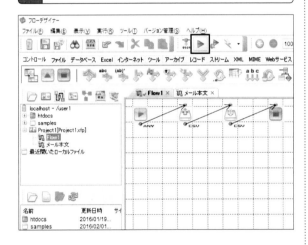

2 「フローの実行」ダイアログで「実行」をクリックする

3 実行結果を確認し、「閉じる」をクリックする

フローが実行され、「フローの実行」ダイアログに結果が表示されます。正常に実行されれば、ステータスバーに「正常終了」と表示されます。また、EndResponseコンポーネントが配置されている場合には、出力ストリームが表示され確認できることもあります。

HINT

プロジェクトを保存するには

フローデザイナーの初期設定では、フローの実行時にプロジェクトが自動的に保存されますが、ツールバーの「保存」アイコンをクリックして保存することもできます。編集途中で保存されていないフローの場合、ワークスペースの各タブのフロー名の前にチェックマークが表示されています。フローを保存すると、チェックマークの表示がなくなります。

ヘルプの活用

ヘルプを参照するには

各コンポーネントやマッパー関数にはヘルプが用意されており、使い方や、プロパティの指定方法がわからないときに調べることができます。パレット上または、ワークスペースへ配置後のコンポーネントや関数を右クリックして、表示されるメニューから、ヘルプを参照できます。

コンポーネントのヘルプを確認する

1 コンポーネントのアイコンを右クリックする

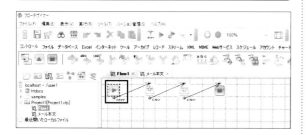

2 メニューの「ヘルプ」を選択する

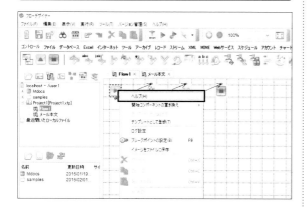

HINT
開始コンポーネント以外のコンポーネントでは、配置後のコンポーネントの代わりに、パレットの各タブのコンポーネントを右クリックして表示されるメニューから「ヘルプ」を選択しても同様に操作できます。

3 ブラウザにヘルプが表示されるので情報を確認する

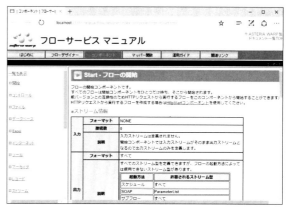

ブラウザが起動し、コンポーネントのヘルプがブラウザウィンドウに表示されます。

HINT
ヘルプに表示される内容
コンポーネントのヘルプには、以下のような情報が表示されます。

項目	内容
ストリーム情報	入力ストリームのフォーマットと接続数、出力ストリームのフォーマットなどストリームの詳細と説明が示されます。
コンポーネントプロパティ	コンポーネントプロパティの詳細が記載されています。「マッピング」欄に「入力」とある場合は、直前に置いたMapperコンポーネントから設定できます。また、「出力」とある場合は、直後に置いたMapperコンポーネントなどで取得できます。
ループ処理	ループ処理の起点となる条件などが示されます。
トランザクション処理	コミット時やロールバック時の動作について記載されています。
エラー処理	想定されるエラー発生のタイプや原因について説明されています。

第 2 章

ファイル操作とストリーム定義

- 010 ファイルを読み込むには
- 012 ストリームの型とプロパティを変更するには
- 014 CSVファイルを処理するには
- 015 フィールド定義を編集するには
- 017 ファイルへデータを書き込むには
- 018 ファイル一覧を取得するには
- 019 ファイルやフォルダーをコピーするには
- 020 ファイルやフォルダーを削除するには
- 021 ファイルを1行ずつ処理するには
- 022 ファイルやフォルダーを圧縮／展開するには
- 023 ストリームの型を変換するには
- 024 ストリームを一時的に保存し利用するには
- 026 ストリーム定義を再利用するには
- 028 フィールド定義を再利用するには

FileGetコンポーネント／「ファイルパス」プロパティ

ファイルを読み込むには

ファイルを読み込むには、FileGetコンポーネントを配置し、ファイルパスを指定します。ファイルパスは、ファイルペインからのドラッグ＆ドロップ、または、インスペクタの「ファイルパス」プロパティに直接入力するか、ダイアログからの選択によっても設定できます。

ファイルを読み込んでパスを設定する

1 対象のフローを選択し、パレットの「ファイル」タブから、FileGetコンポーネント（「ファイルを読み込みます」）をワークスペースへドラッグして配置する

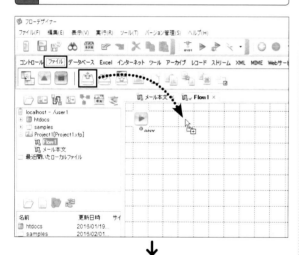

↓

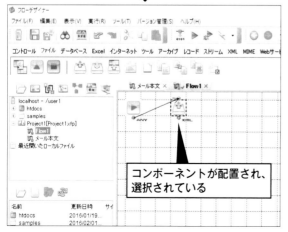

コンポーネントが配置され、選択されている

2 インスペクタの「ファイルパス」プロパティの入力欄をクリックし、「…」をクリックする

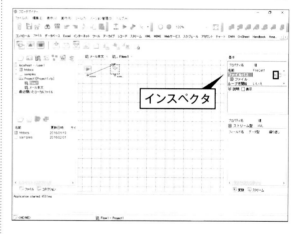

インスペクタ

HINT

「ファイルパス」プロパティの入力欄内をクリックすると、右側に「…」というボタンが表示され、クリックしてダイアログを表示できるようになります。

ファイルパスを設定するその他の方法

ファイルパスは、「ファイルパス」プロパティの入力欄に直接入力して指定することもできます。また、左下のファイルペインにファイルを表示し、ワークスペースのコンポーネントまでドラッグ＆ドロップすることでも設定できます。

3 「開く」ダイアログで対象のファイルを選択する

4 「開く」をクリックする

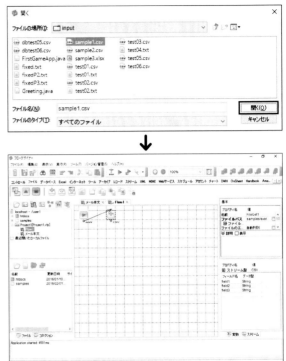

「ファイルパス」プロパティが設定されます。ファイルの種別によっては、コンポーネントの下の文字列（ストリーム型）がそれを反映して変更されます（ストリームの型定義が自動的に判別されない場合は、正しい情報に変更する必要があります）。

HINT

ホームフォルダーの場所

「開く」ダイアログや、ファイルペインの初期状態では、現在ログインしているユーザーのホームフォルダーが表示されます。ホームフォルダーは、既定では以下の場所になります。

- [DATA_DIR] /flow/home/ [ユーザー名]
  （Windowsでは、C:¥asteriahome¥flow¥home¥user1 など）

コンポーネント名を確認するには

コンポーネントを右クリックし、メニューから「ヘルプ」を選択して表示されるヘルプ画面で確認できます。また、配置後のコンポーネントを選択したときに表示されるインスペクタの「名前」プロパティでも確認できます。「名前」プロパティは、コンポーネント名＋連番の形式で値が設定されます。ただし、「名前」プロパティの値は変更が可能です。

HINT

ファイルの文字エンコードを指定するには

FileGetコンポーネントでCSVファイルを読み込む際などに、「ファイルのエンコード」プロパティを設定して、ファイルの文字エンコードを指定できます。通常は「自動判別」でかまいませんが、読み込んだファイルでデータの文字化けが発生してしまう場合には、「ファイルのエンコード」プロパティの入力欄をクリックし、下矢印をクリックして一覧から文字エンコードの種類を選択してください。

ストリームとストリーム定義

ストリームの型とプロパティを変更するには

ストリームの型とプロパティは、ストリームペインで設定できます。ストリームの型は、フローサービスで使われるデータのフォーマットで、9種類あります。ストリームの属性情報を表すストリームプロパティには、「読込み開始行」や「フィールド数」などがあります。

ストリームの型を変更する

1 対象のコンポーネントを選択し、ストリームペインで「ストリーム型」プロパティの入力欄をクリックして、一覧からストリーム型を選択する

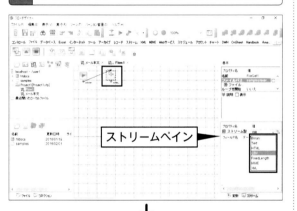

↓

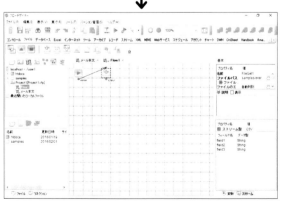

ストリーム型が設定され、「ストリーム型」プロパティの値が変更されます。同時に、コンポーネントの右下に表示されている文字列も、それを反映したものに変更されます。

HINT

ストリームの型を変更するその他の方法

配置されたコンポーネントの右下に表示されているストリームの型（「CSV」などの文字列）をクリックすると、ストリーム型の一覧が表示されます。ここから選択してストリーム型を変更することもできます。

ストリーム型の種類

ストリームとは、フロー上を実際に流れるデータのことを指します。フローサービス独自のストリーム型と呼ばれるフォーマットには、以下の9種類があります。

- XML（XMLの要素内容と属性値）
- CSV（CSV形式で区切り文字により区切られたデータ）
- FixedLength（フィールド定義により区切られたデータ）
- Record（RDBで扱うレコードの列）
- ParameterList（パラメーターのデータ）
- MIME（Binary型の単一ストリーム）
- HTML（String型の単一ストリーム）
- Text（String型の単一ストリーム）
- Binary（Binary型の単一ストリーム）

ストリームとストリーム定義

フローデザイナーでは、フロー上を実際に流れるデータを「ストリーム」と呼びます。ストリームには、「ストリームプロパティ」と呼ばれるストリーム固有の属性情報と、扱うデータの単位である「フィールド」情報が含まれます。各フィールドには、名前とデータ型などを定義することができ、その定義を「フィールド定義」といいます。ストリームプロパティ定義とフィールド定義をあわせて「ストリーム定義」といいます。

CAUTION

入力ストリームをそのまま出力するFilePutなどのコンポーネントの場合には、そのコンポーネントのストリーム定義を編集することはできません。

ストリームプロパティを変更する

1 対象のコンポーネントを選択し、ストリームペインの「ストリーム型」プロパティの左に表示されている+記号をクリックする

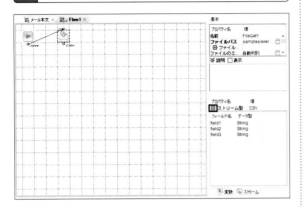

2 展開表示されたプロパティの一覧で、それぞれの値を指定する

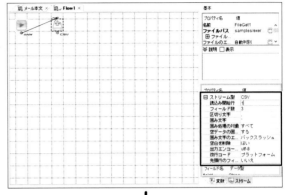

↓

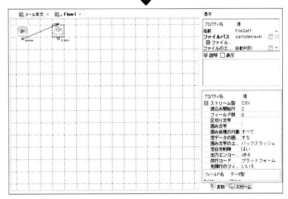

それぞれのプロパティの入力欄に値を入力するか、プロパティによっては、値欄をクリックすると選択肢の一覧が表示されるので、目的の項目を選択します。−記号をクリックすると、ストリーム型の一覧が閉じます。

HINT

ストリームプロパティの項目について

ストリームプロパティは、ストリーム固有の属性情報の定義で、ストリームの型によって設定できる項目は異なります。たとえば、CSVのストリームでは、以下のような項目を設定できます。

- 読込み開始行
- フィールド数
- 区切り文字
- 囲み文字
- 囲み処理の対象
- 空データの囲み処理
- 囲み文字のエスケープ
- 空白を削除
- 出力エンコーディング
- 改行コード
- 先頭行のフィールド名を出力

ファイルペインでの操作

ファイルペインには、ツリーペインで選択したフォルダー内のファイルが表示されます。このファイル一覧は、ホームフォルダー内のファイルを表しており、ツールバーのアイコンを使って、フォルダーの作成やフォルダー間の移動などの操作が可能です。また、ファイルをダブルクリックすることで、関連付けられているアプリケーションでファイルを開き、編集することもできます。

HINT

ストリームペインの高さを広げるには

ストリームペインの表示が狭く、プロパティの下のほうの項目が表示されていない場合は、ストリームペインの上の枠（境界線）を上方へドラッグして広げることで表示できます。

CSVストリームのプロパティ

CSVファイルを処理するには

表のデータなどでは、先頭行には見出し項目が入っていて、実際のデータは次の行から始まるということがよくあります。CSVストリームでそうした見出し行を読み飛ばすには、「読込み開始行」プロパティを変更します。また、その他のプロパティについても紹介します。

2行目から読み込みを開始する

1 対象のコンポーネントを選択し、ストリームペインの「ストリーム型」プロパティの左に表示されている＋記号をクリックして展開表示する

2 「読込み開始行」プロパティの値欄に「**2**」と入力する

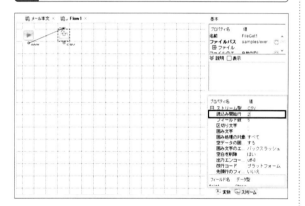

この設定により、データの1行目が読み飛ばされ、2行目からストリームとして出力されます。

HINT
見出し行を出力するには
CSVストリームのプロパティで、「先頭行のフィールド名を出力」プロパティの値欄をクリックし、「はい」または「はい（フィールド名を囲む）」を選択します。「はい（フィールド名を囲む）」を指定した場合、囲み文字が指定されているときはその囲み文字でフィールド名が囲まれます。

引用符（" "）で囲まないようにする

1 「ストリーム型」プロパティを展開表示し、「囲み文字」プロパティの値欄をクリックして、一覧から「(none)」を選択する

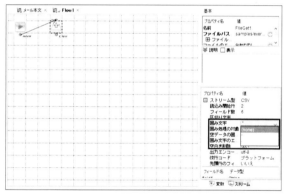

「囲み文字」プロパティの値が「(none)」に設定され、囲み文字（初期値は「" "」）が出力されないようになります。

HINT
データの区切り文字を指定するには
CSVストリームのプロパティで、「区切り文字」プロパティの値欄をクリックし、一覧から区切り文字の種類を選択します。タブやスペース、行区切り（<none>）なども指定できます（初期値はカンマ「,」）。

CSVファイルの出力が文字化けする場合
「出力エンコーディング」プロパティに、適切な文字エンコードを指定します。FilePutなどのコンポーネントでストリーム定義を変更できない場合は、直前のMapperコンポーネントなどで指定します。

ストリームのフィールド定義

フィールド定義を編集するには

ストリームには、ストリームプロパティと呼ばれる固有の情報に加え、扱うデータの単位としての「フィールド」情報が含まれます。それぞれのフィールドに対し、名前やデータ型などの「フィールド定義」を設定できます。フィールド定義もストリームペインで設定します。

フィールド名とデータ型を編集する

1 対象のコンポーネントを選択し、ストリームペインのプロパティの「フィールド名」の各欄に、フィールド名を入力する

2 「データ型」の各欄をクリックし、一覧からデータ型を選択する

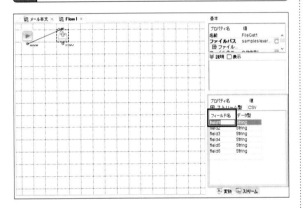

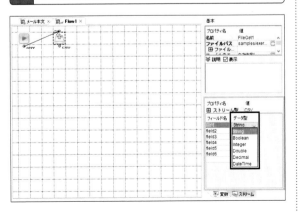

3 必要に応じてその他のフィールドを設定する

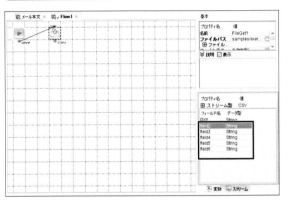

ストリームの内容に合わせて、必要なフィールド名とデータ型（フィールド定義）をすべて設定します。

HINT

基本データ型の種類

フィールド定義や変数定義などでは、以下の基本データ型を使用できます。

データ型	データの範囲
Integer	-9223372036854775808以上、9223372036854775807以下の整数
Decimal	無限精度の数値
String	最大2147483647文字までの文字列
Binary	最大2147483647バイトまでのバイト列データ
Double	-1.79769313486231570e+308から+1.79769313486231570e+308までの浮動小数点
DateTime	西暦で、単位は年月日時分秒1/1000秒まで（例：1970年01月01日 00:00:00）
Boolean	真（true）もしくは偽（false）

※ParameterListストリームでは、Stringの配列を使用できます。

フィールド名とデータ型を一括で編集する（CSV形式で編集）

1 ストリームペインのフィールド定義の部分で右クリックして、「CSV形式で編集」を選択する

3 ストリームペインの「フィールド名」の各欄にフィールド名が入力されるので、それぞれのデータ型を一覧から指定する

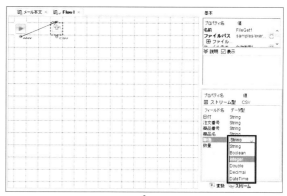

↓

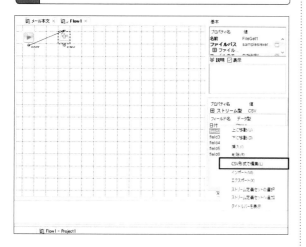

2 表示されるダイアログにすべてのフィールド名を改行で区切って入力し、「OK」をクリックする

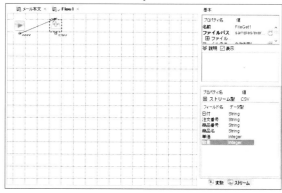

　ダイアログで入力したフィールドの行数ぶんだけフィールド行が設定されるます。このように、「CSVで編集」機能を使うことで、フィールド名とデータ型をすばやく設定できます。

HINT

フィールドの順番を変更するには

ストリームペインで対象フィールドの行をクリックすると、行全体が選択され反転表示されるので、その状態で右クリックし、メニューから「上に移動」または「下に移動」を選択すると、フィールドの順番を変更できます。

HINT

2のダイアログで、各行を「フィールド名,データ型」の形式で入力すると、フィールド名に加えデータ型も一括で設定できます。

CAUTION

2のダイアログで余分な改行が含まれていると、「フィールド名が不正です」というメッセージが表示されます。その場合は改行を削除してから操作を続けてください。

FilePutコンポーネント

ファイルへデータを書き込むには

ストリームをファイルとして書き出すには、FilePutコンポーネントを利用します。出力先ファイルのパスや、書き込みの処理について設定しますが、FilePutは入力ストリームをそのまま出力するだけのコンポーネントなので、ストリーム定義を編集することはできません。

ファイル書き出しのコンポーネントを配置する

1 パレットの「ファイル」タブをクリックし、FilePutコンポーネント（「ファイルへの書き込み」）をワークスペースへドラッグして配置する

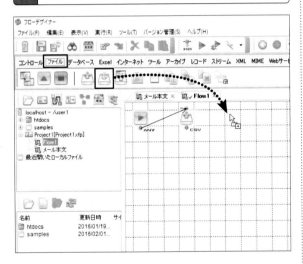

2 「ファイルパス」プロパティの入力欄に、出力ファイルのパスとファイル名を指定する

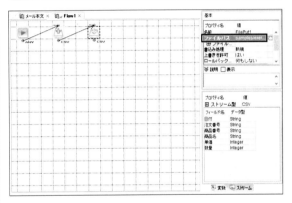

「書込み処理」や「上書きを許可」など、必要なプロパティについても設定します。なお、FilePutコンポーネントの「ファイルパス」プロパティで出力先として指定した新しいフォルダーやファイルは、フローを実行した際に自動生成されます。

HINT
ファイルへ追加書き込み（追記）するには

FilePutコンポーネントの「書込み処理」プロパティを「追加」に設定します。この場合、指定したファイルに対し、データが追加で書き込まれます。

HINT
既存のファイルを上書きしないようにするには

初期設定では、FilePutコンポーネントの「ファイルパス」プロパティで指定したファイルがすでに存在していた場合、データは上書き処理されますが、上書きされないようにするには、「上書きを許可」プロパティに「いいえ」を指定します。

FileListコンポーネント

ファイル一覧を取得するには

特定のフォルダーのファイル一覧を取得するには、FileListコンポーネントを利用します。ファイル一覧は、ファイル名とパス、更新日時、サイズなどを含むレコードとして出力されます。ワイルドカードを使って指定したパターンのファイルだけを取得することも可能です。

ファイル一覧をレコードとして取得する

1 パレットの「ファイル」タブをクリックし、FileListコンポーネント（「ファイルの一覧を取得します」）をワークスペースへドラッグして配置する

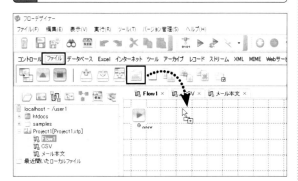

HINT

プロパティ名を見やすくするには

インスペクタの左の境界線を左へドラッグして、幅を広げることができます。「プロパティ名」と「値」の境界線も左右にドラッグして、幅を調整できます。また、各プロパティの名前は、マウスポインターを合わせたときのポップヒントでも確認できます。

「**」と「*」の違い

「ファイル名のパターン」プロパティでは、「?」（任意の1文字）以外に、「**」と「*」のワイルドカードを使用できます。「**」を指定した場合、対象フォルダー以下のすべてのフォルダーとファイルにマッチしますが、「*」を指定した場合は、対象フォルダー直下のフォルダー（名）とファイルが対象となります。「ファイル名のパターン」が空の場合は、「*」を指定したのと同じ処理になります。

2 「対象フォルダー」プロパティや「ファイル名のパターン」プロパティを使って、取得対象のファイルを指定する

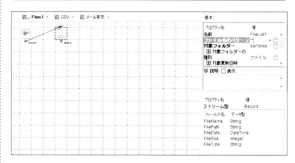

「対象フォルダー」プロパティが空の場合は、「相対パスの起点」プロパティで指定したフォルダーが対象フォルダーとなります。

HINT

FileListコンポーネントの出力ストリームは、「FileName」や「FilePath」などのフィールドを含む、固定フォーマットのレコードとなります。

CopyFileコンポーネント

ファイルやフォルダーをコピーするには

ファイルをコピーしたいときは、CopyFileコンポーネントを使用します。「コピー元ファイルパス」プロパティにフォルダー名を指定することで、フォルダー全体もコピーできます。また、ワイルドカードを使えば、特定のファイルやフォルダーのみコピーすることも可能です。

ファイルをコピーする

1 パレットの「ファイル」タブをクリックし、CopyFileコンポーネント(「ファイルをコピーします」)をワークスペースへドラッグして配置する

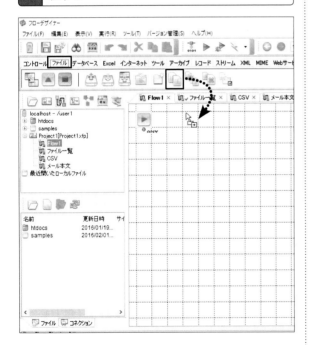

2 「コピー元ファイルパス」プロパティや「コピー先ファイルパス」プロパティを指定する

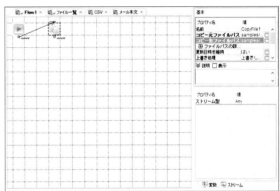

「コピー元ファイルパス」プロパティにフォルダー名を指定してフォルダーをコピーすることもできます。また、「*」(0個以上の任意の文字)と「?」(任意の1文字)のワイルドカードを使って1つ以上のファイルやフォルダーを指定できます。ワイルドカードで指定した場合、「コピー先ファイルパス」プロパティの指定は、フォルダー名として解釈されます。

HINT
コピー処理後にファイルを削除するには
CopyFileコンポーネントの「コピー元を削除」プロパティに「はい」を指定すると、コピー処理の実行後に、「コピー元ファイルパス」プロパティで指定したファイルは削除されます。

HINT
ファイルやフォルダーを移動するには
「ファイル」タブのMoveFileコンポーネント(「ファイルを移動します」)を使ってファイルやフォルダーを移動できます。この場合、高速に処理できますが、移動先に同名のファイルやフォルダーがある場合や、異なるファイルシステムへの移動はエラーとなり実行できません。そのようなときは、CopyFileを使ってコピー元を削除することで、ファイルやフォルダーの移動処理を行えます。

DeleteFile コンポーネント

ファイルやフォルダーを削除するには

DeleteFileコンポーネントを使うと、指定したファイルやフォルダーを削除できます。ワイルドカードを使用して1つ以上のファイル・フォルダーを削除することも可能です。対象のファイルが存在しない場合や、クローズされていない場合にはエラーとなります。

フォルダーを削除する

1 パレットの「ファイル」タブをクリックし、DeleteFileコンポーネント（「ファイルを削除します」）をワークスペースへドラッグして配置する

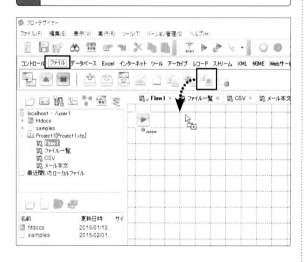

2 「ファイルパス」プロパティの値欄に、削除対象のフォルダーへのパスを指定する

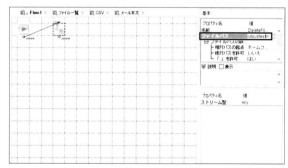

必要に応じて、「相対パスの起点」プロパティなどその他のプロパティも設定します。このコンポーネントでは、削除対象として指定したファイルが存在しない場合や、クローズされていない場合にはエラーとなります。

CAUTION

DeleteFileコンポーネントを使って削除する場合、対象ファイルはクローズされている必要があります。たとえば、フローがトランザクション化されている場合、FilePutコンポーネントの「書込み処理」プロパティの「追加」によって作成したファイルは、トランザクションの完了時にクローズされるため、同一フロー内で削除することはできません。

HINT

フォルダーを作成するには

フォルダーの作成は、「ファイル」タブのMakeDirectoryコンポーネント（「フォルダを作成します」）を使用します。「作成するフォルダパス」に、作成対象フォルダーへのパスを指定します。

HINT

ファイルパスの指定

各コンポーネントの「ファイルパス」プロパティは、値欄に直接パスを入力することでも指定できます。UNIXシステムの場合は、パスの先頭が「/」の場合に絶対パスと見なされますが、Windowsシステムの場合は、ドライブ指示子の後ろに「¥¥」が続く場合（「C:¥¥」など）、または先頭が「¥¥」の場合に絶対パスと見なされます（区切り文字の「/」と「\(¥)」は区別されません）。相対パスで指定した場合は、「相対パスの起点」プロパティで指定したフォルダーからの相対になります。

RecordGetコンポーネント

ファイルを1行ずつ処理するには

RecordGetコンポーネントは、ファイルシステムから、CSV型またはFixedLength型のストリームをレコード単位で読み込みます。出力ストリームは、1レコードのCSVまたはFixedLengthになります。大量レコードのファイルを1行ずつ処理する場合などに有効です。

CSVファイルを1行ずつ読み込む

1 パレットの「ファイル」タブをクリックし、RecordGetコンポーネント(「CSVまたはFixedLength形式のファイルをレコード単位で読み込みます」)をワークスペースへドラッグして配置する

2 「ファイルパス」で対象のファイルへのパスを指定し、「読込み開始行」や「取得行数」プロパティを設定する

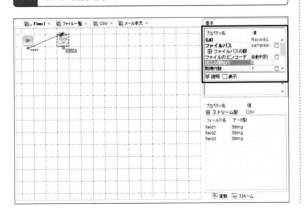

3 読み込む情報に応じてストリーム型やフィールド定義を設定する

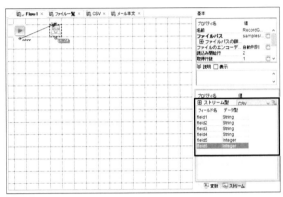

ファイルを1行ずつ読み込むことで、それぞれの出力ストリームに対しループや条件分岐などの処理を実行させることができます。

HINT

「読込み開始行」プロパティについて

RecordGetコンポーネントでは、コンポーネントプロパティとストリームプロパティの両方で「読込み開始行」を設定できます。コンポーネントプロパティの「読込み開始行」には、ファイルを読み込むときに何行目から読み込むかを指定します。一方、ストリームプロパティの「読込み開始行」は、CSVまたはFixedLengthストリームが標準で持っているプロパティで、ストリームの元となったデータから何行目以降を処理対象のストリームとするかを指定します。読み込んだファイルの内容から先頭行を読み飛ばすには、コンポーネントプロパティの「読込み開始行」に「2」を指定します。

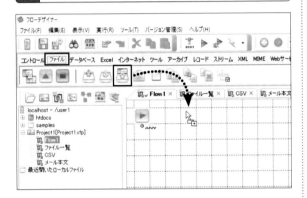

「アーカイブ」タブ

ファイルやフォルダーを圧縮／展開するには

パレットの「アーカイブ」タブのコンポーネントを使うと、ファイルやフォルダーの圧縮または展開（解凍）を実行できます。ZIP形式、GZIP形式、TAR形式での圧縮と展開を指定できます。

フォルダーをZIP形式で圧縮する

1 パレットの「アーカイブ」タブをクリックし、ZipFileコンポーネント（「ファイルをZIP形式で圧縮します」）をワークスペースへドラッグして配置する

2 「圧縮対象ファイルパス」に圧縮元フォルダー、「ZIPファイルパス」に圧縮後のファイルへのパスをそれぞれ指定する

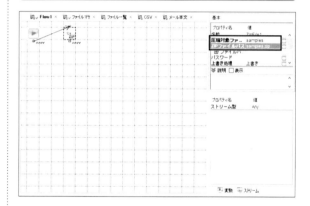

必要に応じてその他のプロパティも設定します。設定後、フローを実行すると、指定したフォルダーを圧縮したZIPファイルが、指定先に作成されます。

HINT

ZIP形式のファイルを展開するには

ZIP形式のファイルやフォルダーを展開するには、「アーカイブ」タブのUnzipFileコンポーネント（「ZIP形式のファイルを展開します」）を使用します。

ストリームを圧縮／展開するには

入力ストリームをZIP形式で圧縮してストリーム出力する場合は、「アーカイブ」タブのZipコンポーネント（「ZIP形式で圧縮します」）を使用します。また、ZIP形式の入力ストリームを展開して出力するには、UnZipコンポーネント（「ZIP形式のデータを展開します」）を使用します。

HINT

GZIPやTAR形式での圧縮と展開

ファイルの圧縮と展開については、ZIP形式だけでなく、GZIP形式およびTAR形式もサポートされています。「アーカイブ」タブからそれぞれのコンポーネントを利用できます。

圧縮後に元ファイルを削除するには

各コンポーネントの「圧縮対象ファイルを削除」プロパティを「はい」に指定して実行することで、圧縮後に元ファイルが削除されるようになります。

Converterコンポーネント

ストリームの型を変換するには

ストリームを別の型に変換するには、Converterコンポーネントを使用します。固定長形式で記述されているTextストリームをFixedLengthストリームとして扱いたい場合や、CSV形式で記述されたTextストリームをCSVストリームとして扱いたい場合などに利用できます。

RecordストリームをCSVストリームに変換する

1 対象のフローウィンドウを表示し、パレットの「ストリーム」タブから、Converterコンポーネント（「ストリーム型を変換します」）をワークスペースへドラッグして配置する

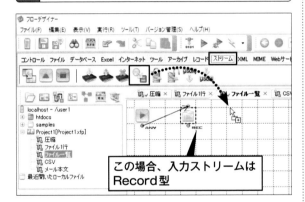

この場合、入力ストリームはRecord型

2 「ストリーム型」プロパティの値欄をクリックし、一覧から変換後の型を選択する

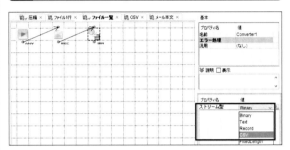

3 必要に応じて出力ストリームの各プロパティを設定する

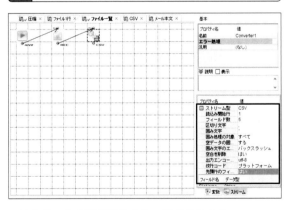

ストリームの型が変換され、出力されます。

HINT

ストリーム型とフィールド定義

フローデザイナーで扱えるストリーム型とそのフィールド定義は以下のようになります。

ストリーム型	フィールド定義
XML	名前、データ型、繰り返し、ノードタイプ、表示名
CSV	フィールド名、データ型
FixedLength	フィールド名、データ型、開始位置、長さ、小数点位置
Record	フィールド名、データ型
ParameterList	フィールド名、データ型（配列が定義可能）
MIME	Binary型の単一ストリーム
HTML	String型の単一ストリーム
Text	String型の単一ストリーム
Binary	Binary型の単一ストリーム

CAUTION

単一フィールドのストリーム（MIME、HTML、Text、Binary）以外の複数フィールドが定義できるストリーム型から、同じく複数フィールドが定義できるストリーム型へ変換する場合、出力ストリームのフィールド定義でフィールドの数と名前を変更することはできません。

StreamPut／StreamGetコンポーネント
ストリームを一時的に保存し利用するには

StreamPutコンポーネントを使うと、入力ストリームを、指定したキーでメモリに保持できます。「保存名」プロパティで名前を指定し、「スコープ」プロパティでスコープを指定します。保存したストリームは、StreamGetで取得し、StreamRemoveで削除できます。

ストリームを一時的に保存する

1 対象のフローウィンドウを表示し、パレットの「ストリーム」タブから、StreamPutコンポーネント（「セッションまたはリクエストのスコープでストリームを保持します」）をワークスペースへドラッグして配置する

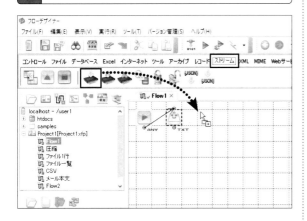

2 「保存名」や「スコープ」、その他のプロパティを設定する

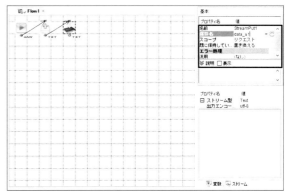

フローを実行すると、ストリームが指定した名前で一時的に保持されます。

HINT

StreamPutコンポーネントでは、以下のプロパティを設定できます。

プロパティ名	説明
保存名	ストリームを取得する際にキーとなる文字列を設定します。
スコープ	保持する対象のスコープを指定します。 ・リクエスト：現在のリクエストをスコープの対象にします。 ・セッション：現在のセッションをスコープの対象にします。
既に保持している場合	ストリームがすでに保持されている場合の動作を指定します。 ・置き換える：入力ストリームに置き換えます。 ・エラー：エラーを発生します。 ・何もしない：何もしません。

CAUTION

保持している1つのストリームを複数のスレッドで使用しないでください。

HINT

保持したストリームを削除するには

StreamPutコンポーネントを使ってメモリに保持したストリームを削除するには、「ストリーム」タブのStreamRemoveコンポーネント（「セッションまたはリクエストのスコープからストリームを削除します」）を使用します。「保存名」プロパティでは、ストリームを保持した際に設定した名前を指定します。

保持中のストリームを取得する

1 対象のフローウィンドウを表示し、パレットの「ストリーム」タブから、StreamGetコンポーネント（「セッションまたはリクエストのスコープからストリームを取得します」）をワークスペースへドラッグして配置する

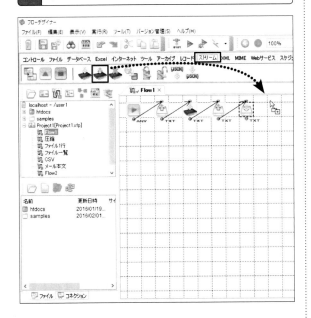

2 「保存名」プロパティに、保持したストリームの名前を指定し、必要に応じその他のプロパティも設定する

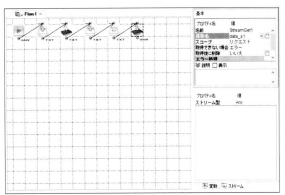

フローの実行により、StreamPutコンポーネントを使ってメモリに保持していたストリームを取得できます。

CAUTION
保持している1つのストリームを複数のスレッドで使用しないでください。

HINT
StreamGetコンポーネントでは、以下のプロパティを設定できます。

プロパティ名	説明
保存名	StreamPutコンポーネントでストリームを保持した際に設定した保存名を指定します。
スコープ	取得する対象のスコープを指定します。 ・リクエスト：現在のリクエストをスコープの対象にします。 ・セッション：現在のセッションをスコープの対象にします。
取得できない場合	取得したいストリームが見つからなかった場合の動作を指定します。 ・空のストリームを出力：指定した出力ストリーム型の空のストリームを出力します。 ・エラー：エラーを発生します。
取得後に削除	取得に成功した場合に、ストリームをメモリから削除するかどうかを指定します。 ・はい：ストリームをメモリから削除します。 ・いいえ：ストリームをメモリから削除しません。

HINT
ストリームの取得後に削除するには
保持したストリームを、StreamGetコンポーネントで取得してそのまま削除することも可能です。その場合は、StreamGetコンポーネントを使用する際に、「取得後に削除」プロパティで「はい」を指定してください。

ストリームを暗号化するには
「ストリーム」タブのEncryptAESコンポーネントを利用すると、入力ストリームをAES暗号方式で暗号化できます。EncryptAESコンポーネントを使って暗号化したストリームの復号化は、DecryptAESコンポーネントで行います。

アイコン	コンポーネント名	メニュー名
	EncryptAES	AES暗号方式でストリームを暗号化します
	DecryptAES	AES暗号方式でストリームを復号化します

ストリーム定義セット

ストリーム定義を再利用するには

ストリームプロパティとフィールド定義が含まれる「ストリーム定義」は、保存しておくことができ、それを複数のコンポーネントで手軽に再利用できます。ここでは、複数のストリーム定義を保存して再利用できる「ストリーム定義セット」の機能と使い方を説明します。

ストリーム定義を保存する

1 保存したいストリーム定義を表示し、ストリームペイン内で右クリックして、表示されるメニューで「ストリーム定義セットの作成」を選択する

2 「ストリーム定義セットの保存先」ダイアログで保存先を指定し、「OK」をクリックする

HINT
ストリーム定義セットを追加するには
手順**1**の「ストリーム定義セットの作成」メニューは、最初に保存するときのみ表示されます。次に別のストリーム定義を保存するときは、「ストリーム定義セットへ追加」メニューを選択します。

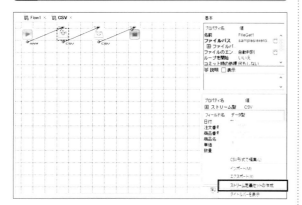

3 「ストリーム定義セットの作成」ダイアログでストリーム定義を確認し、「ストリーム定義名」に名前を入力して、「保存」をクリックする

↓

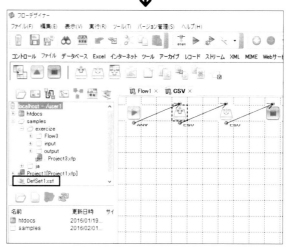

保存先として指定した場所に、ストリーム定義セットのファイル（拡張子は「xsf」）が作成されます。

保存したストリーム定義を利用する

1 対象のコンポーネントを選択し、ストリームペインで右クリックして、メニューから「ストリーム定義セットの選択」を選択する

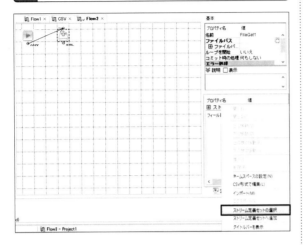

2 「ストリーム定義セットの選択」ダイアログでストリーム定義を選択し、「OK」をクリックする

↓

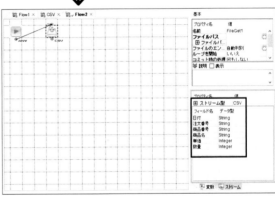

指定した保存済みのストリーム定義が、選択中のコンポーネントにコピーされ設定されます。

HINT

ストリーム定義セットを編集するには

ストリーム定義セットを作成すると、フローデザイナーのウィンドウの左上にあるツリーペインの一覧にそのストリーム定義セット名が表示されるようになります。編集する場合は、それをダブルクリックして「ストリーム定義セットの編集」ダイアログを表示します。左の一覧でストリーム定義をクリックして選択することで、編集や削除ができます。

HINT

2のダイアログで「同期する」にチェックマークを付けると、対象のコンポーネント間でストリーム定義の同期を取ることができます。

ストリーム定義セットを削除するには

ストリーム定義セットの作成時に、保存先として指定した場所に作られたxsfファイルを削除します。ただし、ファイル自体を削除すると、その中に保存してあるすべてのストリーム定義も削除されてしまいますので注意してください。

フィールド定義のインポート／エクスポート

フィールド定義を再利用するには

フィールド名とデータ型の組み合わせである「フィールド定義」は、保存して手軽に再利用できます。それには、フィールド定義の「エクスポート」機能を利用します。エクスポートして保存したフィールド定義は、「インポート」することでいつでも利用可能です。

フィールド定義をエクスポートする

1 エクスポート対象のフィールド定義を表示し、右クリックして、表示されるメニューで「エクスポート」を選択する

2 フィールド定義に名前を付けてファイルとして保存する

エクスポートしたフィールド定義は、「ASTERIAフィールド定義ファイル（*.fft）」または「CSVファイル（*.csv）」として保存できます。CSVファイルとして保存すると、エンコーディングや項目指定も選択できます。

保存したフィールド定義をインポートする

1 ストリームペインのフィールド定義部分を右クリックし、メニューから「インポート」を選択する

2 「開く」ダイアログで保存済みのフィールド定義ファイルを選択して「開く」をクリックすると、フィールド定義がインポートされ設定される

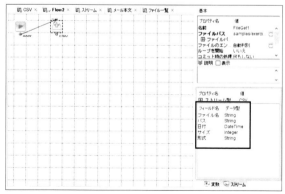

インポートすることで、フィールド名とデータ型をすばやく設定できるようになります。

第3章

マッピングと
データ変換

- 030 データのマッピングを行うには
- 032 データを加工するには
- 034 日付データを加工するには
- 036 文字列データを加工するには
- 041 ファイルパスを参照するには
- 043 ファイルパスを動的に設定するには
- 044 変数に値を設定するには
- 046 変数の値を参照するには
- 048 マッピング定義を見やすくするには
- 050 マッピングに条件を付けるには
- 052 実行結果をシミュレートするには
- 054 マッパー関数を組み合わせて使うには
- 056 入力データをチェックするには

Mapperコンポーネント（マッパー）

データのマッピングを行うには

入力ストリームと出力ストリームの変換操作を設定する（データのマッピングを行う）には、Mapperコンポーネントを使用します。CSV形式を別のフォーマットのCSV形式で出力させたり、Record形式やXML形式も含め互いに変換させたりと、さまざまな変換処理が可能です。

Mapperコンポーネントを配置する

1 パレットのMapperコンポーネント（「データをマッピングします」）をワークスペースへドラッグして配置する

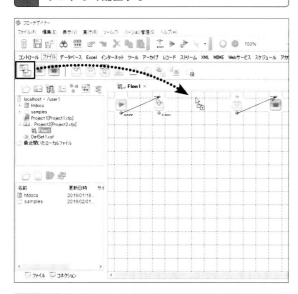

2 必要に応じて前後の接続線をつなぎ直し、出力ストリーム定義を編集する

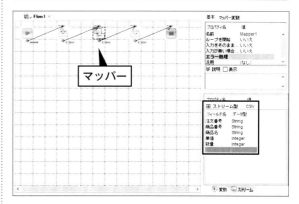

マッパー

HINT

「お気に入り」について

パレットの左側には「お気に入り」と呼ばれる領域があり、よく使うコンポーネントを常に表示しておくことができます。「コントロール」タブのMapperコンポーネントは、初期設定で「お気に入り」に配置されています。

コンポーネントを「お気に入り」に登録するには

パレット上のコンポーネントアイコンを右クリックし、メニューから「お気に入りに追加」を選択します。なお、お気に入りに追加したコンポーネントは、元のカテゴリタブには表示されなくなります。

HINT

マッパーとは

データのマッピングに特化したMapperコンポーネントのことを「マッパー」といいます。フローデザイナーでマッパーをダブルクリックすると、マッピングウィンドウが表示され、データの差し込み設計ができるようになります。

Mapperコンポーネントでマッピングを行うために

あらかじめ、入力ストリームと出力ストリームのフィールド定義を行っておく必要があります。入力ストリームのフィールド定義は、Mapperコンポーネントの直前のコンポーネントで定義します。出力ストリームのフィールド定義は、通常はMapperコンポーネントで行いますが、RDBPutコンポーネントやExcelPOIOutputコンポーネントなど、場合によってはMapperコンポーネント直後のコンポーネントで定義することもあります。

3 配置したMapperコンポーネントをダブルクリックする

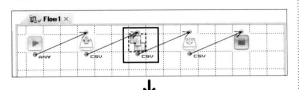

↓

マッピングウィンドウ

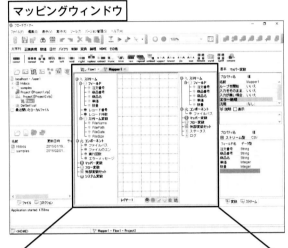

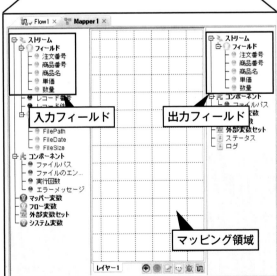

4 入力フィールドと出力フィールドの項目を連結してマッピングを行う

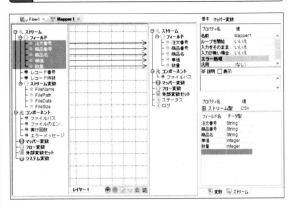

　左側から右側へ、それぞれの項目をドラッグして連結します。マッピングウィンドウでは、左側でコンポーネントのプロパティや各種変数の値を参照し、右側のコンポーネントプロパティや各種変数の値を設定します。

HINT

出力フィールドの定義をすばやく設定するには

入力ストリームと出力ストリームのフィールド定義が同様のときは、入力ストリーム定義を出力へコピーすることですばやく設定できます。それには、配置されたMapperコンポーネント、またはマッピング領域を右クリックして、メニューから「入力ストリーム定義を出力にコピーする」を選択します。

複数の項目を一度にマッピングするには

複数の項目を選択し、一括で連結できます。操作の前に、マッピングウィンドウで右クリックし、「複数フィールドの連結方法」のメニューから連結方法をあらかじめ選択しておきます。「フィールドの順序」だけでなく、名前や間隔によっても連結できます。なお、複数の項目を選択し操作するときは、中央のマッピング領域まではまず真横にドラッグするようにしてください。斜めにドラッグすると、その他の項目まで選択または選択解除されてしまいます。

CAUTION

マッピングを行うためには、マッピングウィンドウの左側（入力）と右側（出力）で、それぞれのフィールド定義が表示されていることが必要です。それらの場所に表示されていない項目をマッピングすることはできません。

マッパー関数

データを加工するには

マッピングの際に、関数（マッパー関数）を利用してデータを加工できます。マッパー関数は、データの変換に用いるための各種関数で、マッピングウィンドウを表示しているとき、機能ごとにタブで分類されたアイコンの一覧としてパレットに表示されます。

乗算値を出力する（Multiply関数）

1 マッピングウィンドウのパレットで「数値」タブをクリックし、Multiply関数（「掛け算」）をマッピング領域までドラッグして配置する

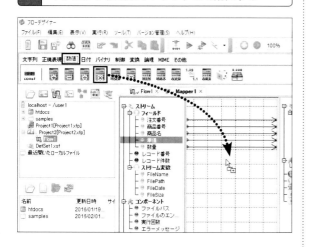

2 関数の引数としたいフィールドをMultiply関数アイコンまでドラッグする

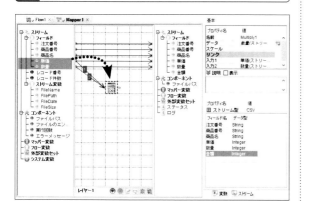

3 Multiply関数アイコンから出力先のフィールドまでドラッグして接続線をつなぐ

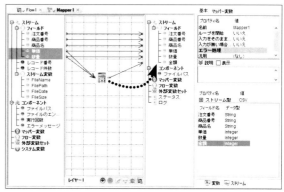

　Multiply関数は、数値を乗算して結果を返すマッパー関数です。上の例では、Multiply関数を使用して「単価」×「数量」の値を算出し、その結果を「金額」フィールドに出力するよう設定しています。

HINT

マッピングウィンドウ上で関数にマッピングした入力順に、引数としての順番が決まります。

マッパー関数について

マッパー関数は、通常のプログラミング言語での関数と同様に、0個以上の引数から演算処理を行って結果を返します。関数にはプロパティがあるので、必要に応じて設定します。引数の数は関数ごとに決まっており、関数によってはプロパティ値を初期設定の引数のように使用できます。また、返り値を複数出力する関数もあります。関数は、レコードごとに一度実行されます。

合計値を出力する（Sum関数）

1 対象のフローでMapperコンポーネントを配置し、入力と出力のストリーム定義を設定して、Mapperをダブルクリックする

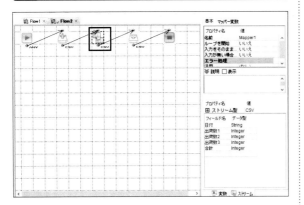

2 マッピングウィンドウのパレットで「数値」タブをクリックし、Sum関数（「合計」）をマッピング領域までドラッグして配置する

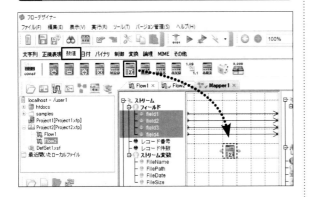

3 関数の引数としたいフィールドをSum関数アイコンまでドラッグする

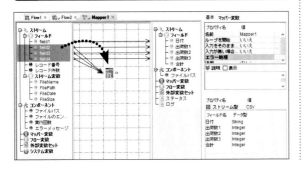

4 Sum関数アイコンから出力先のフィールドまでドラッグして接続線をつなぐ

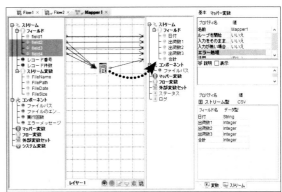

上の例ではSum関数を使用して「field2」（出荷数1）、「field3」（出荷数2）、「field4」（出荷数3）の合計を算出し、「合計」フィールドに出力するよう設定しています。

HINT

Sum関数では、制限なしに複数の入力を指定できます。入力フィールドを1つずつドラッグすることも、複数をまとめてドラッグすることも可能です。

「数値」タブのマッパー関数

マッパーの「数値」の分類では、以下のような関数を利用できます。

関数	処理内容
Add（足し算）	数値を加算する
Subtract（引き算）	数値を減算する
Divide（割り算）	数値を除算する
Multiply（掛け算）	数値を乗算する
Mod（割り算の余り）	除算の余りを返す
Sum（合計）	数値の合計を返す
Min（最小値）	最小値を返す
Max（最大値）	最大値を返す
Average（平均）	数値の平均を返す
Round（数値の丸め）	入力値を「四捨五入」、「切り上げ」、「切り捨て」のいずれかで処理する
Abs（絶対値）	絶対値を返す
Rand（乱数を生成）	乱数を生成して返す
FormatDecimal（数値フォーマット）	入力数値を指定したフォーマットの文字列に整形する

マッパー関数（日付）

日付データを加工するには

マッパー関数の中で「日付」タブに分類されている関数を使うと、日付形式の変換や、日時の計算を行う処理が可能になります。ここでは、現在の日時を返すNow関数と、日付データを文字列に変換するFormatDate関数を例に、関数のプロパティ設定も含め解説します。

現在の日時を出力する（Now関数）

1 対象のマッピングウィンドウを表示し、「日付」タブのNow関数（「現在の日時」）をマッピング領域までドラッグして配置する

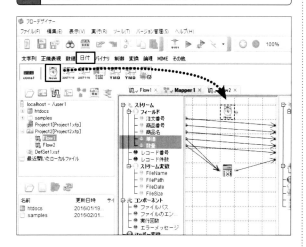

2 出力先のフィールドまでドラッグして接続線をつなぐ

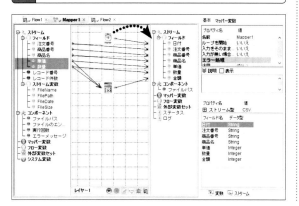

3 Now関数アイコンを選択し、インスペクタの「日付フォーマット」プロパティの一覧から出力フォーマットを選択する

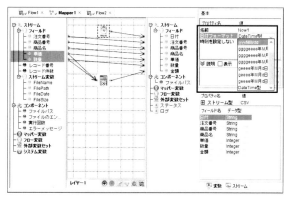

　必要に応じ「時刻を設定しない」などその他のプロパティも設定します。この例では、Now関数を使用して、現在の日付を「yyyy/MM/dd」形式で「日付」フィールドに出力するよう設定しています。

HINT

Now関数は、現在の日時を返すマッパー関数です。入力を持たず、プロパティ値から出力を生成します。

関数のプロパティ

各関数にはプロパティがあり、インスペクタで値を直接入力または選択したり、実行時に動的に値を設定するようにしたりできます。入力がある関数では、インスペクタの「リンク」以下に入力リンクの一覧が表示され、入力順序の入れ替えや、可能な場合は入力した値での置き換えもできるようになっています。

日付データを文字列に変換する（FormatDate関数）

1 対象のマッピングウィンドウを表示し、「日付」タブのFormatDate関数（「日時データから文字列に変換」）をマッピング領域までドラッグして配置する

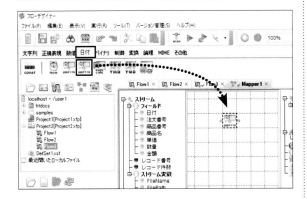

2 入力の日時データからFormatDate関数アイコンまでドラッグして接続線をつなぐ

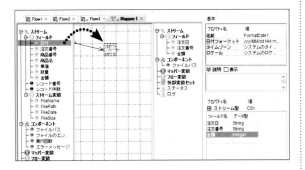

3 出力先のフィールドまでドラッグして接続線をつなぐ

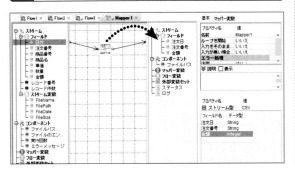

4 FormatDate関数アイコンを選択し、「日付フォーマット」プロパティの一覧から出力フォーマットを選択する

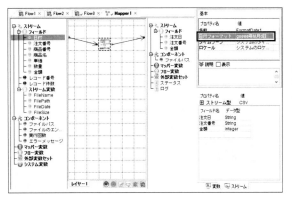

　必要に応じその他の関数プロパティやフィールドも設定します。この例では、フローを実行すると、FormatDate関数によって「日付」フィールドの値が文字列に変換され、「平成28年2月10日」という形式の「注文日」フィールドの値として出力されます。

HINT

「日付」タブのマッパー関数

マッパーの「日付」の分類では、以下のような関数を利用できます。

関数	処理内容
Now（現在の日時）	現在の日時を返す
StrToDate（文字列から日時データに変換）	任意フォーマットの日時文字列から、DateTime型の日時データを生成する
FormatDate（日時データから文字列に変換）	DateTime型の日時データを指定のフォーマットに整形する
DateCalc（日付の計算）	日時を加減算して出力する
DateSplit（日時データを分解する）	DateTime型の入力値を年、月、日、曜日、時、分、秒、ミリ秒に分割する
DateTimeEx（年月日時分秒を指定して日時データを生成）	プロパティ値または入力から日時データを組み立てる
Holiday（休日のチェック）	入力の日付が休日であるかどうかを判定した結果をBoolean型の真偽値（true／false）で返す

DateTime型は、日付とタイムゾーン、ミリ秒までの時刻を含む日付フォーマットで、「2016-02-10T16:36:44.840 JST」のような形式で表されます。

マッパー関数(文字列/正規表現)

文字列データを加工するには

データの中の文字列を取り出したり、連結したりといった、文字列を対象とした処理のために、マッパー関数の「文字列」タブの関数が用意されています。また、「正規表現」タブのマッパー関数を利用することで、正規表現を使った文字列の検索や置換も可能です。

文字列を連結する(Concatenate関数)

1 対象のマッピングウィンドウを表示し、「文字列」タブのConcatenate関数(「文字列を連結」)をマッピング領域までドラッグして配置する

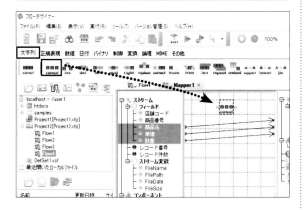

2 連結対象の文字列データからConcatenate関数アイコンまでドラッグ、次に出力先までドラッグして接続線をつなぐ

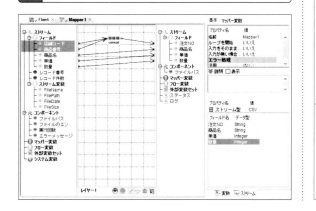

3 Concatenate関数アイコンを選択し、「区切り文字」やその他のプロパティを設定する

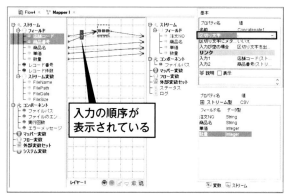

入力の順序が表示されている

連結の際の区切り文字を、「区切り文字」プロパティに入力して指定できます。上の例では、区切り文字に「-」を使用して「店舗コード」と「商品番号」を連結し、「注文NO」フィールドに出力するよう設定しています。

HINT

メタ文字を使用するには

区切り文字には、「\t」(タブ)や「\r」(CR)、「\n」(LF)のメタ文字、および「\u0040」(@)の形式でUnicodeコードポイントも指定できます。その場合はまず、「区切り文字にメタ文字を使用」プロパティを「はい」に設定してから、「区切り文字」を指定してください。

入力の順序を入れ替えるには

インスペクタの「リンク」の下に表示される「入力」リンクの一覧で値欄をクリックすると、指定した項目一覧が表示されるので、そこから選択することで入力順序を変更できます。

固定の文字列を差し込む（Const関数）

1 対象のマッピングウィンドウを表示し、パレットのConst関数（「文字列定数」）をマッピング領域までドラッグして配置する

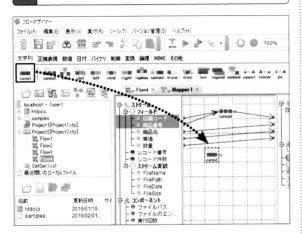

2 文字列を差し込む箇所に合わせてドラッグし、接続線をつなぐ

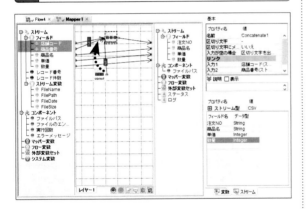

HINT
関数の説明を入力するには
関数アイコンを選択し、インスペクタの「説明」テキストボックスに内容を入力します。「表示」チェックボックスのチェックマークの有無で、マッピングウィンドウ上での説明の表示／非表示を切り替えできます。なお、Const関数では、「データ」プロパティの値が「説明」に自動設定されます。

3 必要に応じ入力順序を設定し直すなどしてからConst関数アイコンを選択し、「データ」プロパティの値欄に文字列を入力する

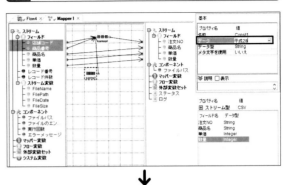

↓

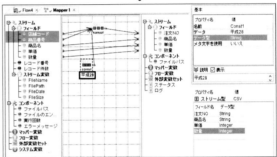

　Const関数では、差し込む文字列を「データ」プロパティに入力します。入力するとその値は、関数の説明に自動的に設定されます。

　上の例では、Concatenate関数と組み合わせて、Concatenate関数の3番目の入力として「**平成28**」を設定しています。固定の文字列を、Const関数を使って直接いずれかのフィールドに出力することも可能です。

HINT
Const関数は、「データ」プロパティに設定した固定値を返すマッパー関数で、入力を持たない関数の1つです。初期設定で関数パレットの「お気に入り」領域に表示されています。

入力の順序をダイアログを使って入れ替えるには
対象の関数アイコンを右クリックし、表示されるメニューから「入力順序の並べ替え」を選択します。項目を選択して、上向きまたは下向きの矢印をクリックすることで入力順序を変更できます。

入力データを文字列に埋め込む（Embed関数）

1 対象のマッピングウィンドウを表示し、「文字列」タブのEmbed関数（「文字列をフォーマット」）をマッピング領域までドラッグして配置する

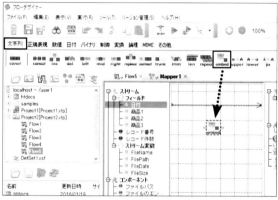

2 設定の文字列に合わせて入出力をそれぞれドラッグし、接続線をつなぐ

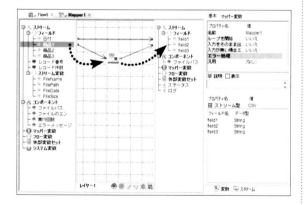

HINT
「データプロパティの編集」ダイアログ
プロパティの入力欄で、「…」をクリックして表示される「データプロパティの編集」ダイアログを使うと、長いテキスト値などが入力しやすくなります。このダイアログは、関数アイコンをダブルクリックして表示することもできます。ただし、ダイアログを使わずに、「データ」プロパティの入力欄に直接、値を入力しても同じです。

3 Embed関数アイコンを選択し、「データ」プロパティの値欄をクリックして「…」をクリックする

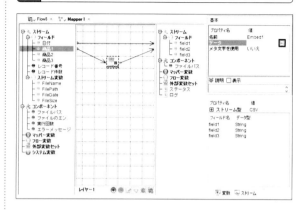

4 「データプロパティの編集」ダイアログに、入力データを埋め込むための文字列を指定する

この例では、「${name1}の出荷：${input1}個」と入力し、入力フィールド1の名前と値データが埋め込まれた文字列を指定しています。フローを実行すると、出力フィールド2の値として、「商品1の出荷：10個」のように整形されたデータが出力されます。

HINT
Embed関数の「データ」指定
「データ」プロパティには、入力データを埋め込むための文字列を指定します。入力データとして、入力の値（入力フィールドの値など）または入力の名前（フィールド名など）を埋め込むことができます。書式として、入力の値の場合は「${inputN}」（または「$inputN」）、入力の名前の場合は「${nameN}」（または「$nameN」）を用います。{}の有無に違いはありません。またNの部分には、入力のインデックスを指定します。

前後の空白を取り除く（Trim関数）

1 対象のマッピングウィンドウを表示し、「文字列」タブのTrim関数（「文字列の両端の空白を削除」）をマッピング領域までドラッグして配置する

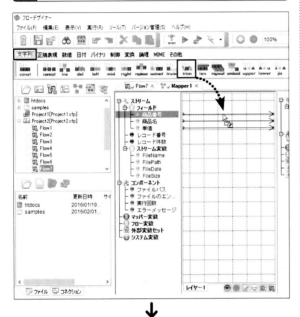

↓

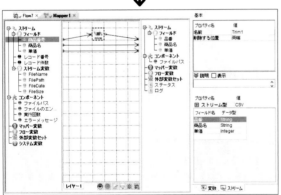

　Trim関数は、文字列の両端から空白部分を削除して文字列を返すマッパー関数です。「削除する位置」プロパティで、両端、左端、右端のいずれかを選択できます。

HINT

大文字小文字を変換するには

小文字を大文字に変換するには、「文字列」タブのUpper関数（「小文字を大文字に変換」）を利用します。また、大文字を小文字に変換するには、「文字列」タブのLower関数（「大文字を小文字に変換」）を利用します。Upper関数もLower関数も、「ロケール」プロパティで対象の言語を指定できます。

文字列の半角や全角を統一するには

マッパー関数の「文字列」タブには、文字列の半角と全角を互いに変換できる関数も用意されています。半角文字列を全角文字列に変換するにはJis関数、全角文字列を半角文字列に変換するにはAsc関数を、それぞれ利用します。

「文字列」タブのマッパー関数

マッパーの「文字列」の分類では、以下の関数を利用できます。

- Const（文字列定数）
- Concatenate（文字列を連結）
- InsertString（文字列を挿入）
- DeleteString（文字列の一部を削除）
- Left（左端から指定した文字数を取り出す）
- Mid（指定位置から指定文字数分の文字列を取得）
- Right（右端から指定した文字数を取り出す）
- StringReplace（置換テーブルを使って複数文字列を置換）
- ExtractString（文字列を検索して、その位置からの部分文字列を取得）
- Truncate（指定位置から左右どちらかの部分文字列を取得）
- Trim（文字列の両端の空白を削除）
- Len（文字数を取得）
- Repeat（文字列を指定回数繰り返し）
- Embed（文字列をフォーマット）
- Upper（小文字を大文字に変換）
- Lower（大文字を小文字に変換）
- Jis（半角文字列を全角文字列に変換）
- Asc（全角文字列を半角文字列に変換）
- Filename（ファイルパスからフォルダ名またはファイル名を取得）
- UUID（UUIDを生成）
- Split（文字列を分割します）
- StrCompare（文字列比較）

正規表現を利用して文字列内の空白を取り除く

1 対象のマッピングウィンドウを表示し、「正規表現」タブのRegexpReplace関数（「正規表現で検索し、マッチした文字列を指定文字列に置換」）を配置する

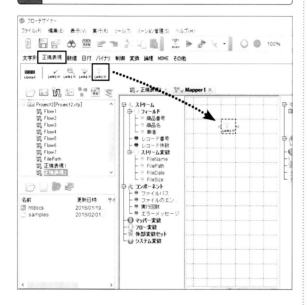

2 処理に合わせて続線をつなぎ、関数アイコンを選択して各プロパティを設定する

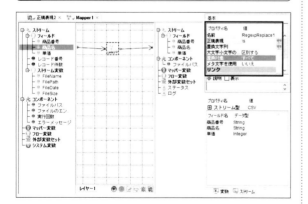

対象の処理に合わせて、正規表現の文字列や処理の方法を指定します。この例では、空白文字を表すメタ文字の「\s」を使用して、「入力文字列（商品名）内の空白文字がある場合にそれを削除する」処理を設定しています。

HINT

正規表現とは、文字列の集合をパターン化して表す方法で、正規表現を利用すると、文字列をより概念的な方法で捉えて検索や置換を実行できるようになります。

「正規表現の編集」ダイアログ

配置した正規表現の関数アイコンをダブルクリックすると、「正規表現の編集」ダイアログが表示され、各種プロパティの設定とテストを実施できます。正規表現と入力文字列を入力し、「テスト」をクリックすると、「実行結果」に結果の文字列が表示されます。

「正規表現」タブのマッパー関数

マッパー関数の「正規表現」タブには、文字列データを正規表現で処理するための関数が集められています。以下の関数を利用できます。

関数	処理内容
RegexpMatch（正規表現にマッチするかどうかを判断）	正規表現として指定した文字列にマッチするかどうかを評価し、結果をBoolean型の真偽値（true／false）で返す
RegexpFind（正規表現で検索し、マッチした文字列の出現位置インデックスを取得）	入力値が正規表現にマッチしている場合のインデックス（出現位置）を返す
Regexp（正規表現で検索し、マッチする文字列を取得）	正規表現で文字列を検索し、マッチした文字列を返す
RegexpReplace（正規表現で検索し、マッチした文字列を指定文字列に置換）	正規表現で検索を行い、マッチした文字列を指定した文字列で置換する

FilePathストリーム変数の利用

ファイルパスを参照するには

1つのストリームでのみ設定や参照が可能な変数を「ストリーム変数」といいます。ここでは、FilePathストリーム変数を利用して、ファイルパスを参照しフィールドに出力する方法と、ファイルパスからファイル名を取り出し別の文字列へ埋め込む方法を説明します。

ファイルパスをフィールドに出力する

1 FileGetなど、FilePathストリーム変数を持つコンポーネントとMapperコンポーネントを配置し、マッピングウィンドウを表示する

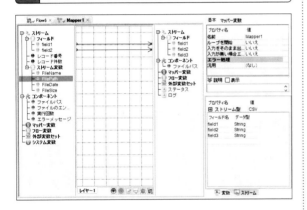

2 「ストリーム変数」の「FilePath」から、出力先のフィールドまでドラッグする

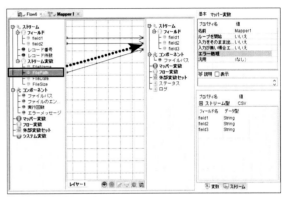

ストリーム変数のFilePathの値が、フィールド値として出力されます。

HINT

変数の利用

フロー内を流れるストリームとは別に、任意の値を参照または保持したい場合、フローデザイナーでは「変数」として値を設定し、参照できます。変数にはフロー変数、ローカル変数、ストリーム変数などいくつかの種類があります。

HINT

ストリーム変数とは

1つのストリームが有効な間のみ、設定や参照が可能な変数を、「ストリーム変数」といいます。コンポーネントの出力ストリームの付加情報として参照して、フロー処理の中で利用したり、入力ストリームに情報を付加してコンポーネントでの処理に利用したりできます。

出力ストリーム変数

フローサービスによってコンポーネント実行時に自動的に付加され、出力ストリームに設定されるストリーム変数を「出力ストリーム変数」といいます。FileGetなど一部のコンポーネントで用意されており、出力ストリーム変数を持つコンポーネントでは、ヘルプの「ストリーム情報」欄にその情報が記載されています。

ファイルパスからファイル名を取得する

1 FileGetなど、FilePathストリーム変数を持つコンポーネントとMapperコンポーネントを配置し、マッピングウィンドウを表示する

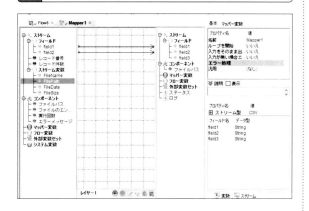

2 「文字列」タブのFilename関数（「ファイルパスからフォルダ名またはファイル名を取得」）を配置する

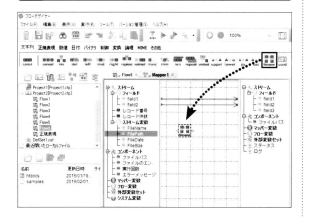

HINT

出力ストリーム変数としてFilePathを参照できるコンポーネントには、FileGetのほかFileExist、RecordGet、UnZip、FTPGet、MIMEDecodeなどがあります。

Filename関数

Filename関数は、入力されたパス文字列から、ファイル名やフォルダー名を取り出すマッパー関数です。取り出す対象は、「取り出す部分」プロパティで指定します。

3 出力ストリーム変数の「FilePath」とFilename関数を接続線でつなぐ

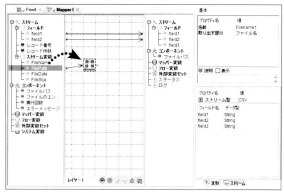

このようにFilename関数を使って、入力ストリームのFilePath変数からファイル名を取り出すことができます。なお、FileNameストリーム変数を利用できるフローの場合は、FileName変数から直接ファイル名を取り出せます。

HINT

ファイル名をパス文字列に埋め込むには

Filename関数や、FileNameストリーム変数を使って取り出したファイル名を、パス文字列に埋め込むには、Embedマッパー関数を使用します。Embed関数の「データ」プロパティに、パス文字列と、取得したファイル名の入力値として「$input1」（または「${input1}」）を指定します。

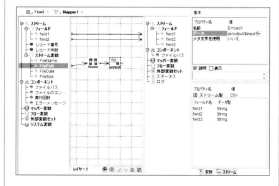

出力ストリームの「ファイルパス」プロパティの設定

ファイルパスを動的に設定するには

Mapperコンポーネントを使って、出力ストリームの「ファイルパス」プロパティを動的に設定できます。ここでは、入力フィールドの値をファイル名として用い、Embed関数でパス文字列に埋め込んで、フロー実行時に出力ファイルパスが設定されるようにします。

入力フィールドの値から出力ファイルパスを設定する

1 対象のマッピングウィンドウを表示し、「文字列」タブのEmbed関数(「文字列をフォーマット」)を配置する

2 対象の入力フィールドからEmbed関数まで接続線をつなぎ、「データ」プロパティに、出力ファイルパスの文字列を設定する

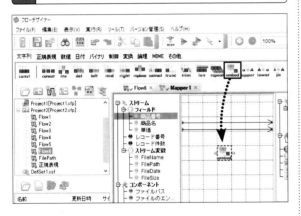

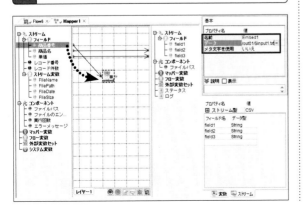

3 出力側の「コンポーネント」の「ファイルパス」までドラッグして接続線をつなぐ

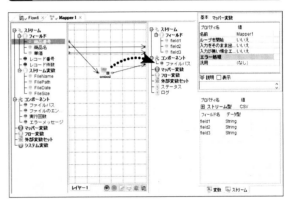

Embed関数の「データ」プロパティに、パス文字列に加え「$input1」(または「${input1}」)の形式で入力フィールド値を指定し、出力側の「ファイルパス」へマッピングすることで、出力ストリームの「ファイルパス」プロパティが設定されます。

HINT

入力ファイル名から出力ファイル名を動的に設定するには

ここでは入力フィールドの値を使って出力ファイルパスを設定しましたが、入力側をFileNameストリーム変数、または、FilePathストリーム変数とFilename関数からのファイル名とすることで、入力のファイル名を使って出力ファイルパスを動的に設定することが可能です。

フロー変数の設定

変数に値を設定するには

「フロー変数」は、フロー内でのみ設定や参照が可能な変数です。フローデザイナーのウィンドウ右下に表示される変数ペインを使って定義や編集ができます。ここでは、フロー変数を追加し、フロー内の別の場所から参照できるよう、変数に値を設定する方法を説明します。

ファイルパス用のフロー変数を追加する

1 フローウィンドウの右下の「変数」タブをクリックし変数ペインを表示する

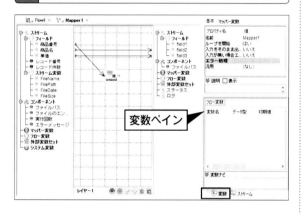

「変数名」の入力欄に変数名を入力する

2 「変数名」の入力欄に変数名を入力する

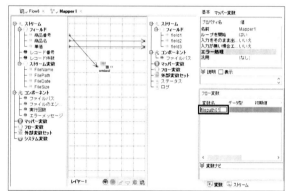

HINT

フローデザイナーウィンドウの右下に表示される領域は、「変数」タブをクリックしたときは変数ペイン、「ストリーム」タブをクリックしたときはストリームペインにそれぞれ切り替えられます。

フロー変数とは

フロー内でのみ設定や参照が可能な変数を「フロー変数」といいます。フロー開始時に初期化され、フロー終了までの間、有効です。同一プロジェクトであってもフローが別であれば、フロー変数は別に定義します。新しいフロー変数を定義する場合は、変数ペインへ追加します。

HINT

変数の命名規則

変数名に利用できる文字列として、以下の条件があります。

- !\"#$%&'()=~^¦\\@`+*;:{}[],.<>/?\t を除く文字が使用可能
- 先頭1文字目に数字は使用不可
- 名前の長さには制限なし
- 英字の大文字と小文字は区別される
- 半角空白や日本語を使用できるが、使用する場合、Velocityコンポーネントやプロパティ式では、getを含めるget記法（例：「$flow.get("var1")」）で記述する

3 必要に応じデータ型やその他の定義を設定する

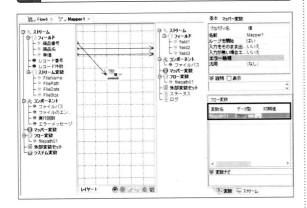

変数ペインで変数を追加すると、マッピングウィンドウの「フロー変数」の項目にその変数が追加されます。

フロー変数に値を設定する

1 マッピングウィンドウ右側の変数フィールドに、定義済みのフロー変数を表示し、変数の値に設定したい入力値をマッピングする

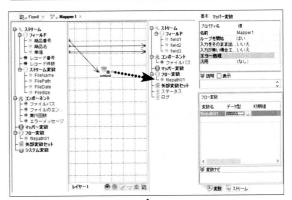

↓

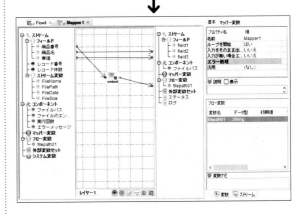

マッピングにより入力値が、変数の値として設定されます。

HINT

フロー変数の定義

変数ペインの「フロー変数タブ」で、変数名とデータ型、初期値、公開の有無などを定義します。「公開」にチェックマークを付けると、外部からの変数の参照が可能になります。また、「変更」のチェックマークを外すと、変更不可の変数となり、マッパーの右側には表示されなくなります。変更不可にする場合、フロー変数に初期値を定義して定数的な使い方をすることができます。

ストリーム変数の種類

ストリーム変数を使う場合、以下の3つの方法を利用できます。

- フローサービスで予約された名前を使うフローサービス定義のストリーム変数（例：FilePathストリーム変数）
- コンポーネントのプロパティで定義したフィールドをストリーム変数として使うコンポーネント定義のストリーム変数（例：HTTPStartコンポーネントのCookieプロパティ）
- ユーザーが任意の名前で定義して使うユーザー定義のストリーム変数

HINT

変数ペインの下部にある「変数ナビ」欄には、フロー変数のフロー内での参照・設定位置が表示されます。

ストリーム変数を定義するには

前出のFilePath変数のように、自動的に設定されるストリーム変数もありますが、独自のストリーム変数を定義することもできます。それには、マッパーのインスペクタにある「マッパー変数」タブで変数名、データ型、初期値を定義し、ストリーム変数項目で「はい」を選択します。初期値は省略可能です。

変数の値の参照／プロパティ式

変数の値を参照するには

変数を設定すると、マッピングウィンドウの左側の変数フィールドに変数が表示されるようになるので、その変数の値をマッピングすることで参照できます。また、「プロパティ式」を利用して変数の値を参照することもできます。ここではその2つの参照方法を説明します。

マッピングウィンドウで変数の値を参照する

1 対象のマッピングウィンドウを表示し、左側の変数フィールドから値をマッピングする

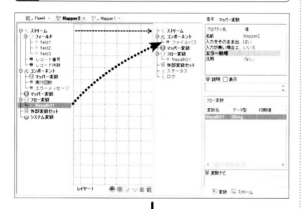

↓

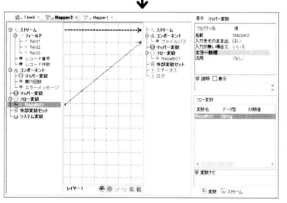

上の例ではマッピングにより、filepath01フロー変数の値が、出力コンポーネントの「ファイルパス」プロパティに設定されます。

HINT

変数の値を参照する場合、直前にMapperコンポーネントを配置してマッピングする方法もありますが、コンポーネントのプロパティで「プロパティ式」を利用する参照方法もあります。

変数の種類

フローサービスで利用できる変数の種類は以下のとおりです。

変数の種類	説明
フロー変数	フロー内での設定・参照が可能。変数ペインで定義する
外部変数セット	複数のフロー、プロジェクトで共有できる変数群をまとめる単位。定数、リクエスト変数、セッション変数、アプリケーション変数の集まり
システム変数	フローサービスによってあらかじめ定義されている変数で、変更不可。ProjectOwnerなど
ローカル変数	1つのコンポーネントでのみ設定・参照が可能。Velocityコンポーネントなどで定義できる
マッパー変数	マッパーでのみ設定・参照が可能。マッパーを選択したときにインスペクタに表示される「マッパー変数」タブで定義する
ストリーム変数	1つのストリームが有効な間のみ設定・参照が可能

システム変数を利用するには

システム変数を参照するには、フローを開いた状態で、フローデザイナーウィンドウのツールバーの「システム変数」アイコンをクリックし、表示される「システム変数の選択」ダイアログで、使用したい変数にチェックマークを付け、「OK」をクリックしてダイアログを閉じます。

「プロパティ式」でフロー変数の値を参照する

1 対象のコンポーネントを選択し、インスペクタでプロパティの入力欄の右にある歯車アイコンをクリックする

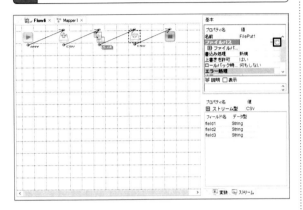

2 「プロパティ式の編集」ダイアログが表示されるので「flow」をダブルクリックする

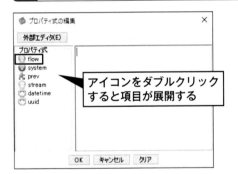

アイコンをダブルクリックすると項目が展開する

HINT

プロパティ式による設定とマッパーによる置き換えができるプロパティでは、値欄の右端に歯車アイコンが表示されています。プロパティ式が設定済みの場合、アイコンの色と形状が切り替わり、入力欄の文字列がイタリック文字で表示されます。

プロパティ式とは

プロパティ式は、変数などを定義するフローデザイナー独自の記法で、「**${プロパティ式の種類.名前または関数}**」のように記述します。「プロパティ式の編集」ダイアログを使ってすばやく指定できます。

3 対象の変数をダブルクリックする

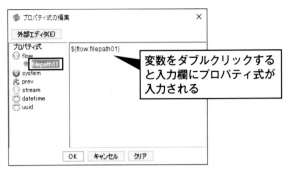

変数をダブルクリックすると入力欄にプロパティ式が入力される

4 「OK」をクリックしてダイアログを閉じると、プロパティに変数の値が設定される

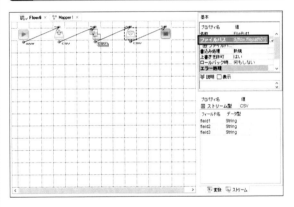

プロパティの指定値がイタリック文字で表示され、右端の歯車アイコンの色と形状が変わります。

HINT

「プロパティ式の編集」ダイアログ

「プロパティ式の編集」ダイアログで用意されている項目は以下のとおりです。ダイアログの入力欄で、変数の前後に固定の文字列を入力することも、また複数の変数を指定することもできます。

- flow：フロー変数を参照
- system：システム変数を参照
- prev：直前のコンポーネントのプロパティを参照
- stream：ストリーム変数を参照
- datetime：年月日、時分秒を参照
- uuid：ユニークなID（文字列）を取得

レイヤーの利用

マッピング定義を見やすくするには

マッピングウィンドウでは、複数のレイヤーを使用できます。複雑なマッピングをいくつかのレイヤーに分けて定義することで、マッピング定義が見やすくなります。ウィンドウの下部にあるレイヤータブを使って、レイヤーの追加や削除、切り替え表示ができます。

レイヤーを追加する

1 マッピングウィンドウの下に表示されている「+」ボタンをクリックする

2 「レイヤーの追加」ダイアログでレイヤー名を指定し、「OK」をクリックする

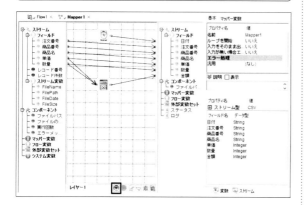

↓

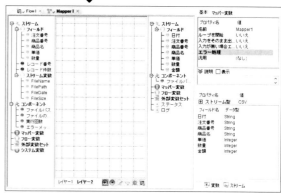

レイヤーが追加され、新しいレイヤーのタブが表示されます。

HINT

レイヤーとは、複雑なマッピングをいくつかに分けて定義してマッピング情報を見やすくするための、ページのようなものです。マッピングウィンドウの下部にタブでレイヤー名が表示され、タブを切り替えることでそれぞれのレイヤーを表示できます。

レイヤーを追加するその他の方法

マッピングウィンドウで右クリックして表示されるメニューから「レイヤーの追加」を選択しても同様に操作できます。

HINT

レイヤーを削除するには

削除したいレイヤーを表示し、マッピングウィンドウの下に表示されている「×」ボタンをクリックします。

関数を別のレイヤーに表示する

1 関数が配置されているレイヤーを表示する

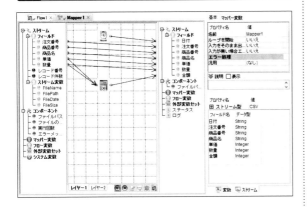

2 対象の関数を右クリックして、メニューから「他のレイヤーに送る」を選択、次に表示先のレイヤーを選択する

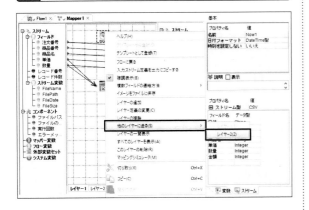

3 移動先のレイヤーを表示するには、下のタブからレイヤーを切り替える

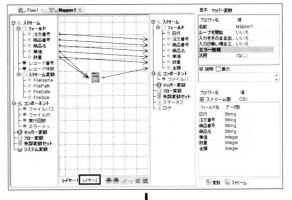

↓

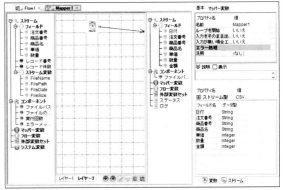

このようにして、選択した関数だけを別のレイヤーに移動できます。複数の関数を選択しておけば一括で移動することも可能です。

HINT
元のレイヤーへ戻すには

移動した関数を元のレイヤーに戻すには、フローデザイナーウィンドウのツールバーで「元に戻す」ボタンをクリックするか、または、移動先のレイヤーで関数を右クリックし、「他のレイヤーに送る」メニューから元のレイヤーを選択します。

HINT
レイヤーを切り替えるには、マッピングウィンドウ下部の各レイヤーのタブをクリックしますが、幅が狭く操作しづらいときは、マッピング領域の左右の境界をドラッグすることで、幅を広げることができます。

すべてのレイヤーを一度に表示するには

マッピング領域で右クリックして、表示されるメニューの「すべてのレイヤーを表示」を選択します。「すべてのレイヤーを表示」メニューをクリックするたびに、すべてのレイヤーの表示とそれぞれのレイヤーの表示に切り替わります。

条件付きレイヤー

マッピングに条件を付けるには

レイヤーに条件を付けることで、ある特定の条件のときだけマッピングを実行するように設定できます。条件を設定したレイヤーを、「条件付きレイヤー」といいます。レイヤーの追加時に条件式を指定すると、そのレイヤーを条件付きレイヤーとして使用できます。

条件付きレイヤーを作成する

1 新しいレイヤーを追加する

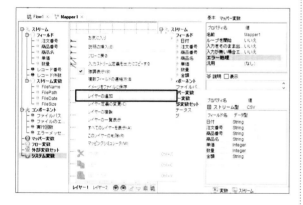

2 「レイヤーの追加」ダイアログの「条件式」ボックスに「$」と（半角で）入力する

3 補完機能により、参照可能な変数が一覧表示されるので、データを参照するための変数「record」をダブルクリックして選択する

HINT

新しいレイヤーを追加するには、マッピングウィンドウで右クリックしメニューから「レイヤーの追加」を選択するか、またはマッピングウィンドウの下に表示されているレイヤータブの隣の「+」ボタンをクリックします。

条件付きレイヤーとは

条件を定義したレイヤーを「条件付きレイヤー」といいます。これに対し、条件を設定していない通常のレイヤーを「条件なしレイヤー」と呼ぶこともあります。

4 フィールド名が一覧表示されるので、対象のフィールドをダブルクリックして選択する

5 条件式を完成させ、「OK」をクリックする

6 新しい空白の条件付きレイヤーが表示されるので、条件に一致した場合のマッピングを設定する

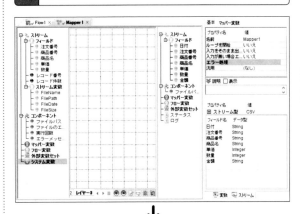

条件付きレイヤーでは、マッピングウィンドウ下部のレイヤー名タブの色が変わります。

この例では、「数量＝0」のレコードに対し、「金額」フィールドの出力が「注文なし」となるよう条件を設定しています。

HINT

「レイヤーの追加」ダイアログで、「条件式の評価を行ごとに行う」のチェックマークは付いたままにしておきます。チェックマークを外した場合は、先頭行のみ評価されます。

条件式について

条件付きレイヤーでは、条件式を使って入力ストリームや各種変数を判定します。ストリームを判定する条件式の記述方法としては、「RQL」と「XPath」の2種類があります。RQLは本製品独自の記述方法です。RQLでレコード形式を評価するためのプレフィックスとして、「record」を式の前に記述します。条件式の結果は、trueまたはfalseのどちらかになります。

HINT

レイヤーの処理順序

条件なしレイヤーと条件付きレイヤーが混在する場合、必ず先に条件なしレイヤーのマッピングが実行され、次に条件付きレイヤーのマッピングがレイヤータブの左から順に実行されます。条件付きレイヤーのマッピングは、条件がTrueのときだけ実行され、条件がTrueでないときはマッピングは実行されません。

マッピングシミュレーター

実行結果をシミュレートするには

マッピングの実行結果を確認したいとき、フローデザイナーでは「マッピングシミュレーター」を利用できます。これは、選択したレイヤーでのマッピングを実行して結果を表示する機能です。マッパーコンポーネントと関数コレクションの関数をシミュレーションできます。

マッパーの実行結果をシミュレートする

1 マッピングウィンドウで右クリックして、メニューから「マッピングシミュレータ」を選択する

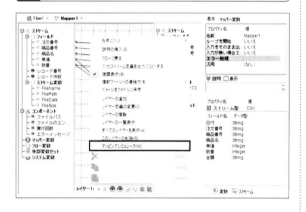

2 シミュレーターウィンドウが表示されるので、実行結果を確認したい出力フィールドをクリックする

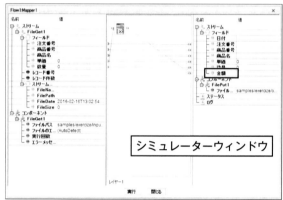

HINT

マッピングウィンドウ下部のレイヤー名タブの右にある「シミュレーター」ボタンをクリックして、シミュレーターウィンドウを表示することもできます。

シミュレーターウィンドウの位置や大きさは、ドラッグして変更できます。フィールドの項目名が見づらいときは、各列の境界線を左または右にドラッグして表示幅を調整してください。

HINT

Mapperコンポーネントの「入力をそのまま出力」プロパティについて

Mapperコンポーネントを、フローの接続線上に直接配置すると、コンポーネントの「入力をそのまま出力」プロパティが自動的に「はい」に設定されます（コンポーネントアイコン上に赤い矢印マークが表示されます）。ただし、Mapperコンポーネントでストリームの加工を行う場合には、「入力をそのまま出力」プロパティの設定を「いいえ」に変更する必要があります。

3 出力フィールドに関連付けられたリンクがハイライト表示されるので、入力フィールドとマッパー関数を確認する

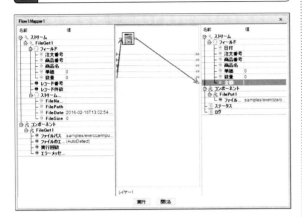

4 関連付けられた入力側の値フィールドをクリックし、任意の値を入力する

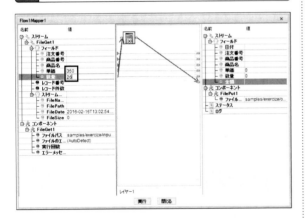

CAUTION

シミュレーターウィンドウ上では、マッパー関数の位置は固定で表示され、移動することはできません。

HINT

マッピングシミュレーターの入力で値を設定できないものは以下のとおりです。

- ストリーム－レコード番号
- ストリーム－レコード件数
- コンポーネント－実行回数
- コンポーネント－エラーメッセージ

5 「実行」をクリックする

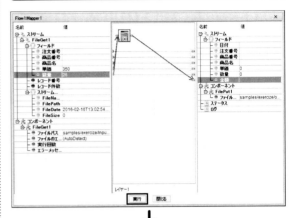

↓

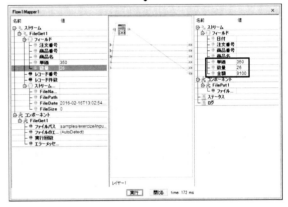

出力フィールド側の値フィールドにマッピングの実行結果が表示されるので、確認します。終了したら「閉じる」をクリックしてウィンドウを閉じます。

HINT

シミュレーターウィンドウで値を入力した場合は、「実行」をクリックする前に、必ず[Enter]キーで入力値を確定させてください。

シミュレーターウィンドウで入力フィールドに値を設定して実行すると、関連付けられたマッパー関数の実行結果が出力フィールドに表示され、実行状況を確認できます。

関数／関数コレクション

マッパー関数を組み合わせて使うには

マッピングの際に、複数のマッパー関数を組み合わせて入力側のデータを加工し、出力側にマッピングすることができますが、データを加工するときの共通的な手順を「関数」としてまとめておくことができます。また複数の関数を「関数コレクション」として保存できます。

関数コレクションを作成する

1 ツリーペインのツールバーで「関数コレクションの作成」アイコンをクリックする

2 「関数コレクションの作成」ダイアログでファイル名、関数コレクション名、関数名を入力する

3 作成する関数に合わせて、最小入力数、最大入力数、出力数を指定し、「OK」をクリックする

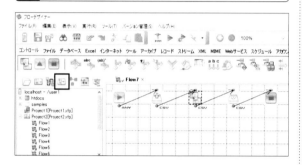

CAUTION

xmpファイルは、フローの実行時に必ず必要です。

HINT

「ファイル」メニューから「新規作成」－「関数コレクション」を選択しても同様に、関数コレクションの作成を開始できます。

関数と関数コレクション

フローデザイナーで使われる「関数」は、マッパー関数の応用で、いくつかのマッパー関数の組み合わせを関数として定義して、マッピングウィンドウの中で「サブ関数」として呼び出すことのできる機能です。また、関数コレクションとは、複数の関数をまとめて保存できる単位です。拡張子は「.xmp」で、このファイルを「関数コレクションファイル」といいます。

4 マッピングウィンドウが表示されるので、1つの関数としてまとめたいマッパー関数を配置し、それぞれのプロパティも設定する

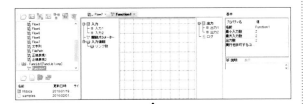

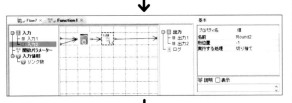

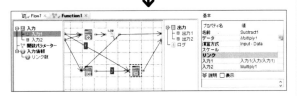

5 ツリーペインで関数を右クリックし、メニューから「保存」を選択して保存する

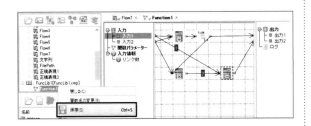

　作成した関数は、マッピングシミュレーターを利用して実行結果を確認できます。

　この例では、会計（入力1）と人数（入力2）を入力し、人数で除算して10円単位で切り捨てた金額（出力1）と、「入力1－入力2×出力1」の金額（出力2）を算出する関数を作成しています。

CAUTION
関数を作成または修正した場合は必ず保存してください。保存することで関数がコンパイルされます。

関数を利用する

1 対象のフローでマッピングウィンドウを表示し、目的の関数をツリーペインからドラッグして配置する

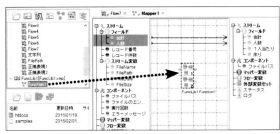

2 関数に対する入力と出力のマッピングを設定する

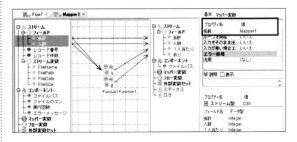

　ここでは関数をツリーペインからドラッグしましたが、マッピングウィンドウのパレットの「制御」タブから呼び出すこともできます。その場合は「制御」タブのSubFunction（「サブ関数」）をワークスペースへ配置して、作成済みの関数名を指定します。

HINT

関数を追加するには
関数コレクションには、関数を複数追加できます。ツリーペインのツールバーで「関数の作成」アイコンをクリックするか、ツリーペインで関数コレクションを右クリックして「関数の作成」を選択します。

関数を削除するには
ツリーペインで関数名を右クリックし、「削除」を選択します。ただし、関数コレクションに1つしか関数が含まれていないときにその関数を削除するには、関数コレクション自体を削除する必要があります。

Validationコンポーネント

入力データをチェックするには

Validationコンポーネントを利用すると、指定された条件に基づいてストリームのデータ検証を実施できます。条件は、Validationビルダーで指定します。データの検証結果が正しかった場合、ストリームは右側に流れます。また、検証に失敗した場合には下側に流れます。

データ検証のフローを設定する

1 対象のフローウィンドウを表示し、「ツール」タブのValidationコンポーネント（「入力データのチェック」）をドラッグして配置する

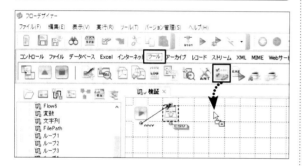

2 Validationコンポーネントアイコンをダブルクリックする（Validationビルダーが表示される）

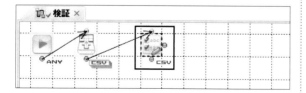

3 「新規アイテム追加」をクリックし、追加された行のそれぞれの項目を使って、データの評価条件を指定する

IDは自動的に設定される

4 設定が終了したら「OK」をクリックしてValidationビルダーを閉じる

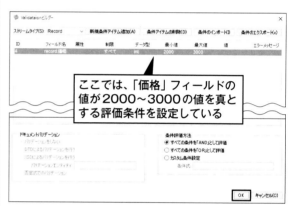

ここでは、「価格」フィールドの値が2000～3000の値を真とする評価条件を設定している

5 それぞれのコネクタにコンポーネントを接続し、フローを完成させる

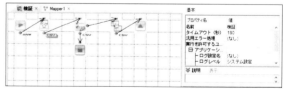

対象のフローを実行するとValidationコンポーネントによりデータの検証が行われます。検証結果が正しい場合のストリームは右側に、検証に失敗した場合のストリームは下側にとそれぞれ分岐し、処理されます。

HINT

フローの条件分岐について詳しくは次の第4章を参照してください。

第4章

フロー制御

- 058 繰り返し処理を行うには
- 061 繰り返しの終了を設定するには
- 062 フローを条件によって分岐させるには
- 066 フローを並行的に分岐させるには
- 068 エラー処理を設定するには
- 070 エラー処理フローを作成するには
- 072 エラーの内容で処理を分岐させるには
- 074 エラー処理後にメインフローに戻るようにするには
- 075 エラーを発生させるには
- 076 別のフローを呼び出すには
- 080 次のフローを呼び出すには
- 081 別のユーザーのフローを実行するには
- 082 サブフローを並列に実行するには

ループ処理

繰り返し処理を行うには

あるコンポーネントが起点となって、それ以降の処理を複数回繰り返すことを「ループ」といいます。ループの構成にする場合、コンポーネントの「ループを開始」プロパティを「はい」に設定する方法と、ループ処理が前提のコンポーネントを使う方法があります。

Mapperコンポーネントでループを設定する

1 ループ構成にしたいフローを表示し、配置済みのMapperコンポーネントを選択する

2 インスペクタで「ループを開始」プロパティの値欄をクリックし、「はい」を選択する

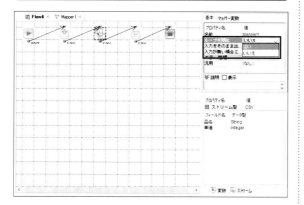

3 ループ処理が設定される

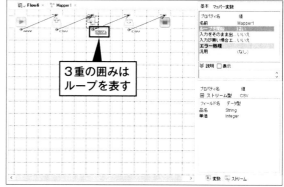

3重の囲みはループを表す

ループ処理が設定され、Mapperコンポーネントアイコンの出力ストリームの文字が、繰り返しを表す表示（3重の囲み）に変わります。

HINT

ループ処理

ループとは、あるコンポーネントが起点になって、それ以降の処理を複数回繰り返すことを指します。ループの開始後、フローは、起点となったコンポーネントに続くコンポーネントに沿って実行され、ループの終了を示すコンポーネント（LoopEnd、ParallelSubFlow、終了コンポーネント）にたどり着くと、ループを開始したコンポーネントに戻り、処理を繰り返します。

HINT

「ループを開始」プロパティ

Mapperコンポーネントの「ループを開始」プロパティを「はい」に設定することで、ループ処理を実行できます。CSV、FixedLength、Recordの各ストリーム形式では、通常1つのストリームに複数のレコードが含まれていますが、Mapperの「ループを開始」プロパティを「はい」にすると、次のコンポーネントに、単一レコードのみを含むストリームとして渡すようになり、レコードの数だけ処理をループさせることができます。なお、Mapperコンポーネントの代わりに、後述するRecordGetコンポーネントを使ってファイルを1行ずつループ処理することもできます。

ファイル単位のループを設定する（FileGetコンポーネント）

1 ループ構成にしたいフローで、FileGetコンポーネントの「ファイルパス」プロパティをワイルドカードで（複数のファイルを含むように）指定する

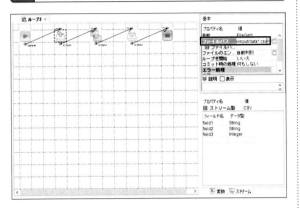

2 FileGetコンポーネントの「ループを開始」プロパティで「はい」を選択する

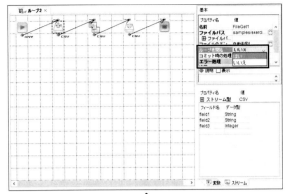

↓

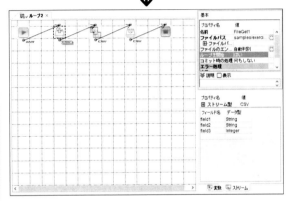

　ファイル単位でのループ処理が設定され、FileGetコンポーネントアイコンの出力ストリームの文字が、繰り返しを表す表示に変わります。

HINT
FileGetコンポーネントの「ループを開始」プロパティ

FileGetコンポーネントの「ファイルパス」プロパティにワイルドカード（「*」または「?」）が指定されていて、複数のファイルが処理対象になっている場合、ファイル単位でのループ処理を設定できます。FileGetの「ループを開始」プロパティが「いいえ」の場合は、すべてのファイルがまとめてストリームに出力されますが、「はい」に設定すると、FileGetコンポーネントがループの起点となって、1ファイルずつストリームに出力されます。

HINT

FileGetコンポーネントでループ処理を設定した場合、対象のファイルがCSVファイルであってもファイル単位のループとなり、レコード単位でのループとはなりません。CSVファイルを読み込みながらレコード単位でループさせたい場合は、RecordGetコンポーネントを使用します。

ファイルを1行ずつループ処理する（RecordGetコンポーネント）

1 ループ構成にしたいフローで、「ファイル」タブのRecordGetコンポーネント（「CSVまたはFixedLength形式のファイルをレコード単位で読み込みます」）を配置する

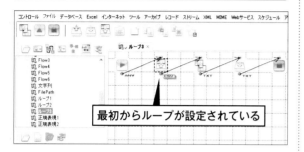
最初からループが設定されている

2 「ファイルパス」プロパティでループ対象のファイルを指定し、「読込み開始行」と「取得行数」を設定する

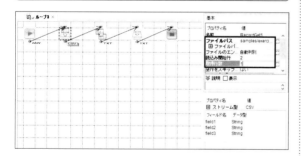

RecordGetコンポーネントがループの起点となって、ループの終了を示すコンポーネントまでの処理を繰り返し実行するよう設定できます。

HINT

RecordGetコンポーネントは常にループで処理するコンポーネントです。CSVまたはFixedLength形式のファイルに対し、全体を一度に読み込むのではなく、指定行数ごとに読み込み、ループ処理を行います。

RecordGetコンポーネントの「読込み開始行」プロパティはループ処理を開始する行、「取得行数」プロパティは1回のループで単位となる行数です。ファイルを1行ずつ処理する場合は、「取得行数」に「1」を指定します。

ループを指定回数繰り返す（LoopStartコンポーネント）

1 対象のフローを表示し、ループの起点としたい位置へ、「コントロール」タブのLoopStartコンポーネント（「指定回数ループします」）を配置する

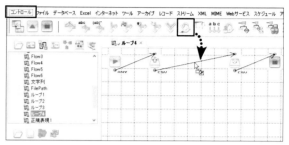

2 「ループする回数」プロパティに、ループ処理の回数を指定する

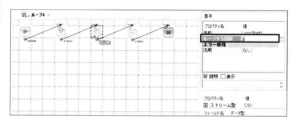

指定した回数分だけ、ループ処理が実行されるようになります。

HINT

ループの起点となるコンポーネントとその使い方として、以下のようなものがあります。

- RDBGetコンポーネント―RDBから取得したレコード（SELECT結果）を1行ずつループ
- FileListコンポーネント―ファイル一覧を取得して1情報ずつループ
- Mapperコンポーネント―入力レコードを1行ずつループ（入力と出力のストリーム変換が必要な場合）
- RecordLoopコンポーネント―入力レコードを1件ずつループ（入力と出力のストリーム変換が不要な場合）
- TextSplitLoopコンポーネント―文字列を区切り文字で分割してループ
- POP3コンポーネントなど―受信メールを1通ずつループ

ループの終了／中断

繰り返しの終了を設定するには

ループを終了させるコンポーネントとして、LoopEndコンポーネントがあります。LoopEndを使用しない場合は、終了コンポーネント（EndまたはEndResponse）でループを折り返しできます。また、Breakコンポーネントを使うと、ループを途中で抜けることができます。

ループの終了位置を設定する

1 対象のフローを表示し、ループを終了させたい位置へ、LoopEndコンポーネント（「コントロール」タブの「ループを終了します」）をドラッグして配置する

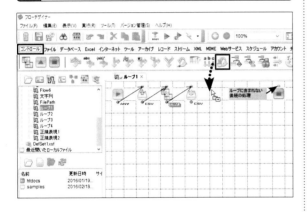

2 処理に合わせて前後のコンポーネントを配置し、接続線をつなぐ

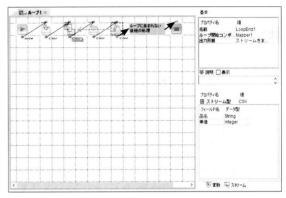

　LoopEndコンポーネントが配置され、「ループ開始コンポーネント」プロパティとして指定されているコンポーネントまでの矢印が赤色で強調表示されます。

HINT
パラレルでのループ処理

処理待ち状態のコンポーネントが1つでもある場合はループに入ることはできません。つまり、処理をパラレル化した状態からループを開始することはできません。ただし、パラレルの1つのルート上でLoopEndコンポーネントやParallelSubFlowコンポーネントを使用してループを閉じた場合には、ループ処理を行うことができます。

HINT
繰り返しを途中で抜けるには

ループの中に、Breakコンポーネント（「コントロール」タブの「ループの途中でフローを終了します」）を配置することで、途中でループを抜け出すことができます。ループの中で条件分岐とBreakコンポーネントを組み合わせることによって、条件によりループを中断させることができます。

 ← Breakコンポーネント

条件分岐（ブランチ）

フローを条件によって分岐させるには

条件によって処理のフローを分岐させたいときは、条件分岐用のコンポーネントを使用します。条件で処理を分岐させて、複数方向のいずれか一方にストリームが出力するように設定します。このようなコンポーネントによる条件分岐を、「ブランチ」と呼びます。

BranchStartコンポーネントで条件分岐を設定する

1 対象のフローウィンドウで、パレットの「コントロール」タブから、BranchStartコンポーネント（「条件で分岐します」）をドラッグして配置する

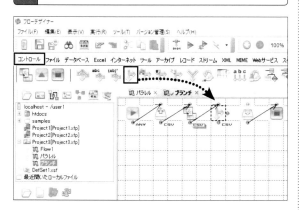

2 BranchStartコンポーネントの右のコネクタから、条件が一致した場合の処理を接続する

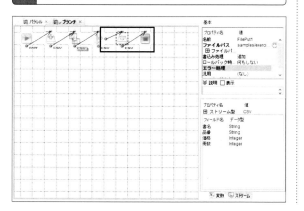

3 BranchStartコンポーネントの下のコネクタから、条件が不一致の場合の処理を接続する

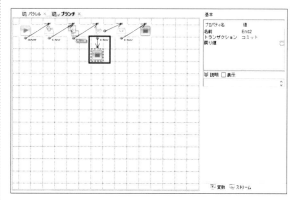

HINT

BranchStartコンポーネントでは、条件一致（True）の場合の流れが右方向となります。入力ストリームや各種変数を評価するための条件式を設定すると、結果がTrueの場合は右方向へ、Falseの場合は下方向へストリームが出力されます。

BranchStartコンポーネントは、ループの中でも外でも使用可能です。

4 BranchStartコンポーネントをダブルクリックする

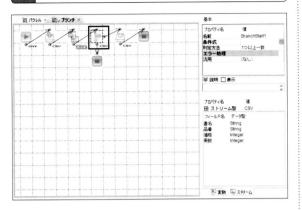

5 「条件式プロパティの編集」ダイアログが表示されるので、条件式を入力する

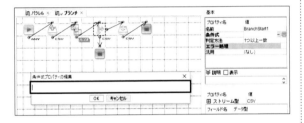

6 「OK」をクリックしてダイアログを閉じる

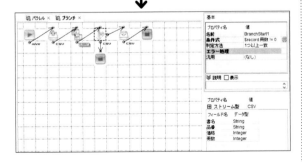

フローを実行すると、設定した条件式の判定に従って処理が実行されます。

HINT

入力ストリームを判定する条件式

ストリームを判定する条件式の記述には、以下の3種類の記述方法のいずれかを使用します。このうち、MQLとRQLは本製品独自の記述方法です。XPathは、W3C勧告のXPath仕様に準拠しています。式の種類を特定するためのプレフィックスを、式の前に記述します。プレフィックスは省略可能で、省略した場合はストリーム型がMIMEの場合はMQL、XMLの場合はXPath、それ以外の場合はRQLで記述されたものと見なされます。なお、条件付きレイヤーで入力する条件式も同様ですが、条件付きレイヤーでは、評価対象としてMIMEを判定することはできません。

条件式の種類	評価対象のストリーム型	プレフィックス	説明
RQL	すべてのストリーム型	record:	レコード形式を評価
MQL	MIME	mql:	MIME形式を評価
XPath	XML	xpath:	XML形式を評価

条件式の詳細については、BranchStartコンポーネントのヘルプを参照してください。

「コントロール」タブの主なブランチコンポーネント

パレットの「コントロール」タブからはブランチに関して以下のようなコンポーネントを利用できます。

アイコン	コンポーネント名	メニュー名
	Choice	多分岐処理を開始します
	Switch	値で処理を分岐します
	SwitchRegexp	正規表現で処理を分岐します
	BranchStart	条件で分岐します
	BranchByComponentProperty	コンポーネントプロパティの値で分岐します
	BranchByException	エラーの種別により分岐します
	BranchByStreamType	ストリームの種別で分岐します
	BranchEnd	分岐した処理を合流します

コンポーネントプロパティの値によって分岐するには

「コントロール」タブのBranchByComponentPropertyコンポーネント（「コンポーネントプロパティの値で分岐します」）を使うと、プロパティの値で分岐する処理を設定できます。

Switchコンポーネントで多分岐処理を設定する

1 対象のフローウィンドウで、パレットの「コントロール」タブから、Switchコンポーネント（「値で処理を分岐します」）をドラッグして配置する

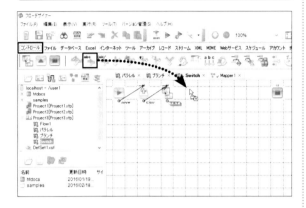

2 直前のMapperコンポーネントアイコンをダブルクリックして、マッピングウィンドウを表示する

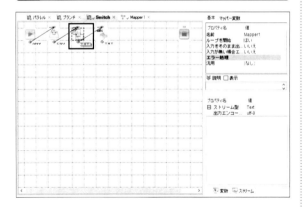

3 「コンポーネント」の「評価する値」へ、比較対象とする入力値をマッピングする

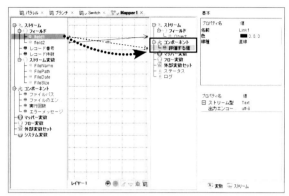

4 フローウィンドウでSwitchコンポーネントアイコンを選択し、インスペクタの「分岐」タブをクリックする

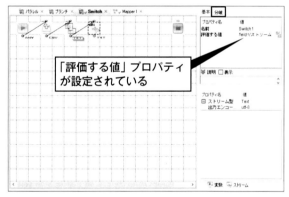

「評価する値」プロパティが設定されている

5 入力値と比較する文字列を「値」欄に入力する

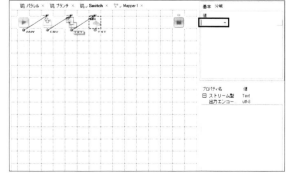

HINT

Switchコンポーネントでは、文字列の値によって分岐する処理を設定できます。直前にMapperコンポーネントを配置し、「評価する値」プロパティに、比較対象となる値をマッピングします。同じ文字列が存在しない場合は、一番右のデフォルト出力コネクタに分岐します。

6 比較する文字列をすべて「値」欄に入力する

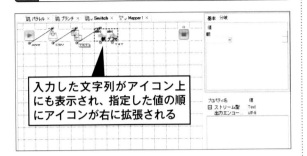

入力した文字列がアイコン上にも表示され、指定した値の順にアイコンが右に拡張される

7 それぞれの出力コネクタからの分岐処理に合わせてコンポーネントを配置し、接続線でつなぐ

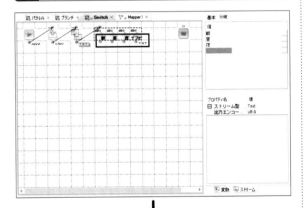

↓

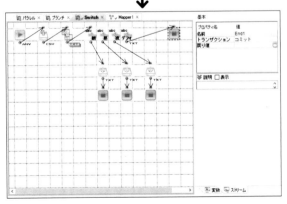

　Switchコンポーネントを設定したフローを実行すると、評価する値と同じ文字列が存在した場合は対応する出力コネクタに分岐し、同じ文字列が存在しない場合は、一番右にある出力コネクタ（「デフォ」と表示されている）に分岐します。

HINT

多分岐処理の設定

Switchコンポーネントでは文字列の値によって多分岐処理を設定しましたが、「コントロール」タブのSwitch Regexpコンポーネント（「正規表現で処理を分岐します」）では、文字列の正規表現を使った多分岐処理が可能です。また、Choiceコンポーネント（「多分岐処理を開始します」）では、インデックスによる多分岐処理を設定できます。

入力データの検証結果によって分岐するには

パレットの「ツール」タブのValidationコンポーネント（「入力データのチェック」）を利用すると、入力ストリームに対するバリデーションの結果によって、分岐処理を設定できます。

分岐の待ち合わせ

分岐を待ち合わせるには、「コントロール」タブのBranchEndコンポーネント（「分岐した処理を合流します」）を使用します。入力するすべてのリンクのストリーム定義が同じである場合、次にマッパーを配置するとマッピング可能になります。ただし、ストリーム定義が異なる場合、マッピングはできません。マッピングする場合でBranchEndコンポーネントの前に配置したコンポーネントの出力ストリームのフィールド定義を変更したときは、BranchEndコンポーネントに反映するため、右クリックして表示されるメニューから「ストリーム定義の更新」を行います。

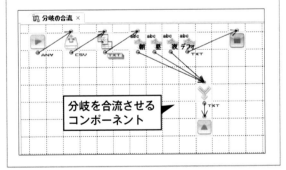

分岐を合流させるコンポーネント

CAUTION

ブランチによって分岐を設定する場合、実行されるのはいずれか一方となるため、その両方に結果を返す終了コンポーネント（EndResponse）を配置できます。ただし、ループとブランチの組み合わせで、ループによって両方のルートが実行される場合には、2つのEndResponseコンポーネントを配置することはできません。

パラレル分岐処理

フローを並行的に分岐させるには

あるコンポーネントが出力したストリームに対し、複数の処理を並行して行いたい場合、そのコンポーネントから直接、複数のコンポーネントに接続できます。このようなストリームの分岐を「パラレル」と呼びます。ストリームの実行順序はフロー設計時に設定します。

パラレル分岐処理を作成する

1 フローウィンドウを表示し、1つ目の処理に加え、2つ目の分岐処理用のコンポーネントを配置する

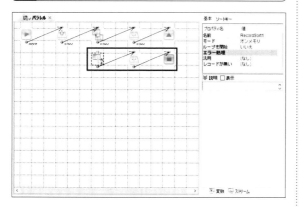

2 分岐元のコンポーネントから、2つ目の分岐処理を接続する

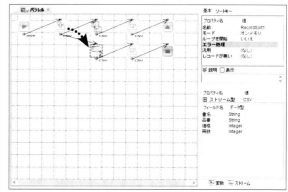

HINT

ここでは例として、「読み込んだCSVファイルを別のCSVファイルへ変換して保存する」1つ目の処理に加え、「読み込んだCSVファイルのデータをRecordSortコンポーネントを使ってソートし別のファイルへ保存する」2つ目の処理への分岐を設定しています。

RecordSortコンポーネント

「レコード」タブから利用できるRecordSortコンポーネント(「レコードをソートして出力します」)は、入力ストリームのレコード(Record／CSV／FixedLength)を昇順または降順でソートします。インスペクタで「ソートキー」タブをクリックし、「キー名」でキーを一覧から指定して、「ソート順」に「昇順」または「降順」を指定します。

HINT

パラレル分岐処理におけるフローの終了

フローの結果ストリーム(レスポンス)は1つである必要があるため、フローをパラレルで分岐したあとに、複数のEndResponseコンポーネントを配置することはできません。その場合、1つのEndResponseコンポーネント以外は、Endコンポーネントを使用します。Endコンポーネントは結果ストリームを返さないので、1つのフローの中に複数配置できます。フローの結果ストリーム(レスポンス)を必要としないなら、すべてEndコンポーネントでかまいません。

3 処理に合わせてマッピングやストリーム定義を編集する

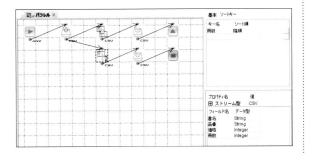

4 分岐元のコンポーネントをクリックすると、実行順序が青いアイコンで表示される

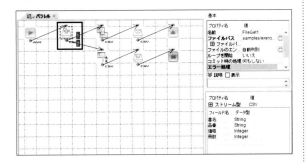

パラレル処理にする場合は、どちらの流れから実行していくかをフロー設計時に決定します。パラレル分岐している元のコンポーネントをクリックすると、その実行順序が青いアイコンの数字で示されます。

HINT

パラレルからの実行順序では、実行時に次の実行対象コンポーネント以外は処理待ち状態となります。実行対象として選ばれた流れは、終了コンポーネントに到達するか、またはパラレルの他の流れと合流するコンポーネントの直前まで処理を実行し、その後、次の流れを実行対象とします。

パラレルの実行順序を変更する

1 パラレル分岐しているコンポーネントを右クリックし、メニューから「実行順序の並べ替え」を選択する

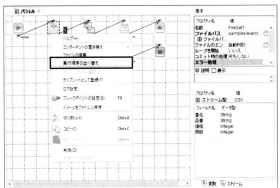

2 「実行順序の並べ替え」ダイアログで実行順序を設定し、「OK」をクリックする

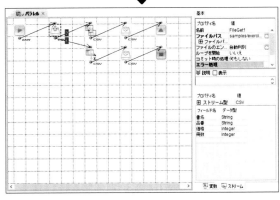

実行順序の変更が反映されて、アイコンの数字が設定した順番に変わります。

HINT

「実行順序の並べ替え」ダイアログでは、項目(コンポーネント)を選択してから右にある上矢印または下矢印ボタンをクリックすることで順番を変更できます。

例外処理

エラー処理を設定するには

フロー内の各コンポーネントの実行時に、処理の続行が不可能な場合や、処理に失敗した場合、エラー（例外：Exception）が発生します。各コンポーネントおよびフローにはエラー処理プロパティがあるので、それによりエラーが発生した場合の「後処理」を指定します。

コンポーネントでのエラー処理を指定する

1 エラー処理を設定したいフローウィンドウを表示し、対象のコンポーネントアイコンをクリックする

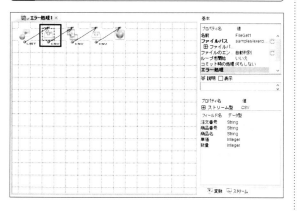

2 インスペクタの「エラー処理」の下にある「汎用」プロパティまたはコンポーネント固有のエラー処理プロパティの値欄をクリックする

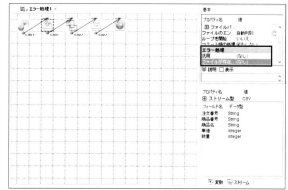

HINT

ここでは例として、FileGetコンポーネント固有のエラー処理プロパティ（「ファイルが存在しない」プロパティ）にエラー処理を設定します。

コンポーネントのプロパティで、コンポーネント内でエラーが発生したときの後処理を指定できます。各コンポーネントには汎用プロパティがあり、またコンポーネントによっては特定のエラー処理をするための固有のエラー処理プロパティがあります。

コンポーネントおよびフローのエラー処理プロパティに後処理を指定しない状態でエラーが発生した場合、フローは異常終了します。

HINT

エラー処理の実行順序

エラー処理フローは、フローとコンポーネントごとに設定できます。エラー発生時は、以下のようにコンポーネントのエラー処理プロパティの指定によって、後処理が行われます。

1. コンポーネントのエラー処理プロパティが「（なし）」以外の場合、指定された後処理が行われる
2. コンポーネントのエラー処理プロパティが「（なし）」の場合
   - フローの汎用エラー処理プロパティが指定されている場合、指定された後処理が行われる
   - フローの汎用エラー処理プロパティが指定されていない場合、フローが異常終了する

3 「フローの選択」ダイアログで、後処理またはプロジェクトリストからフローを選択し、「OK」をクリックする

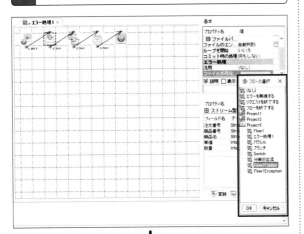

↓

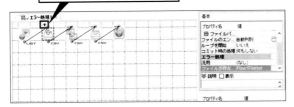

エラー処理を示すアイコン

　エラー処理フローを設定すると、コンポーネントの左上にエラー処理のアイコンが表示されます。このアイコンをクリックすると、設定されているエラー処理フローの一覧が表示され、そこから選択したエラー処理フローにジャンプできます。

HINT

エラー処理プロパティで指定する後処理の種類

コンポーネントの「エラー処理」プロパティでそれぞれのプロパティの値欄をクリックすると、「フローの選択」ダイアログが表示され、以下の後処理を選択できます。「(なし)」以外の処理を選択すると、コンポーネントアイコン上にエラー処理を示すマークが表示されます。

- (なし)
- エラーを無視する
- リクエストを終了する
- フローを終了する
- エラー処理フローをプロジェクトリストから呼び出す

フローでのエラー処理を指定する

1 ツリーペインで対象のフローをクリックする

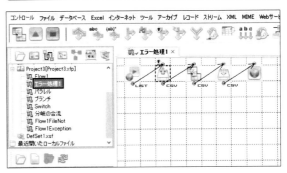

2 表示されたインスペクタで、「汎用エラー処理」プロパティの値欄をクリックし、後処理またはプロジェクトリストからフローを選択する

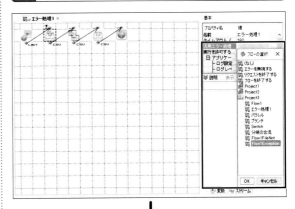

↓

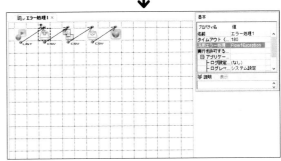

　このようにして、フローを選択したときの「汎用エラー処理」プロパティでも、フロー内でエラーが発生したときの後処理を指定できます。

エラー処理フローの作成

エラー処理フローを作成するには

フロー内の各コンポーネントの実行でエラーが発生した場合、コンポーネントやフローのエラー処理プロパティで、「特定のフロー（後処理を記述したエラー処理フロー）を呼び出す」ようにも設定できます。ここでは、エラー処理フローを作成する手順を紹介します。

静的HTMLファイルを表示するエラー処理フローを作成する

1 新規にフローを作成し、「ファイル」タブのFileGetコンポーネント（「ファイルを読み込みます」）と「コントロール」タブのHttpEndコンポーネント（「HTTPのレスポンスを返してフローを終了します」）を配置して接続する

2 FileGetコンポーネントの「ファイルパス」プロパティに、対象のHTMLファイルへのパスを指定し、ストリーム型を「HTML」に設定する

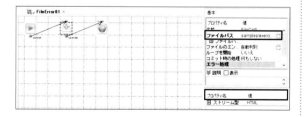

3 エラー処理を設定するフロー（メインフロー）のエラー処理プロパティで、1～2で作成したエラー処理フローを指定する

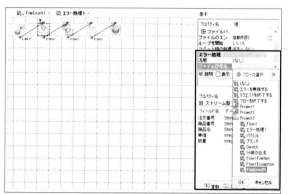

ここでの例では、メインフローはブラウザから起動するように実行設定しています。メインフローをブラウザから実行し、対象のファイルが存在しない場合には、1～2で作成したエラー処理フローによって、指定したHTMLファイルが表示されます。

HINT

エラー処理フローとは

エラー処理プロパティの設定で特定のフローを選択した場合、フローまたはコンポーネントでエラーが発生した場合にそのフローが呼び出されます。このように呼び出されるフローを「エラー処理フロー」といい、呼び出し元フローのセッション、コネクション、トランザクション化状態を引き継ぎます。

HINT

ブラウザから起動する実行設定については第8章、Velocityコンポーネントについては第9章を参照してください。

システム変数（エラーメッセージ）を参照するエラー処理フローを作成する

1 新規にフローを作成し、「ツール」タブのVelocityコンポーネント（「Velocityを使ってデータの差込み変換します」）と「コントロール」タブのHttpEndコンポーネント（「HTTPのレスポンスを返してフローを終了します」）を配置して接続する

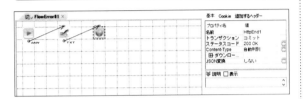

2 Velocityコンポーネントの「ファイルパス」プロパティに、システム変数参照用のHTMLファイルへのパスを指定し、ストリーム型を「HTML」に設定する

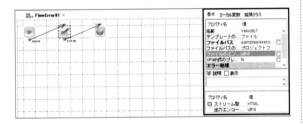

3 Velocityコンポーネントアイコンをダブルクリックする

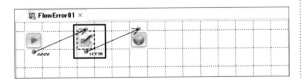

HINT

エラー処理フローに、呼び出し元フローと同じフロー変数の名前を定義して公開すると、エラー発生時に自動的に呼び出し元フローのフロー変数の値がエラー処理フローのフロー変数に設定されます。入力情報として、エラーメッセージを含むエラー処理情報を、システム変数から参照できます。

4 「テンプレートの編集」ダイアログが表示されるので、エラーメッセージを参照するためのシステム変数キーワード「**$system.ExceptionMessage**」を入力する

5 「OK」をクリックして「テンプレートの編集」ダイアログを閉じ、更新確認のダイアログで「はい」をクリックする

その後、エラー処理を設定するフロー（メインフロー）のエラー処理プロパティで、ここで作成したエラー処理フローを指定します。メインフローをブラウザから実行し、エラーが発生した場合には、エラー処理フローによって、指定したHTMLファイルにエラーメッセージを示すシステム変数が表示されます。

HINT

エラーメッセージ

エラーメッセージは、エラー発生時に自動的にシステム変数、エラーが発生したコンポーネントの出力情報に設定されます。

BranchByExceptionコンポーネント

エラーの内容で処理を分岐させるには

フローでエラー処理を設計する場合、BranchByExceptionコンポーネントを配置して、直前のコンポーネントで発生したエラーを条件として分岐処理を作成できます。エラー情報、エラーコード、エラー種別のいずれかを指定して、分岐処理を設定できます。

エラー情報による分岐処理を設定する

1 対象のフローウィンドウで、エラーによる分岐を設定したい位置へ、「コントロール」タブからBranchByExceptionコンポーネント（「エラーの種別により分岐します」）をドラッグして配置する

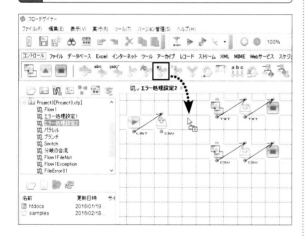

2 それぞれのコネクタとコンポーネントを接続する

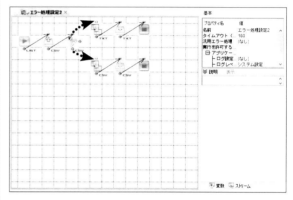

3 直前のコンポーネントを選択する

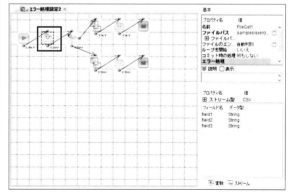

HINT

BranchByExceptionコンポーネント

このコンポーネントでは、直前にリンクされているコンポーネントで発生したエラーによって分岐します。発生したエラーが条件にマッチした場合は右方向、マッチしなかった場合やエラーが発生していない場合は、下方向に分岐します。

4 直前のコンポーネントのエラー処理を設定する

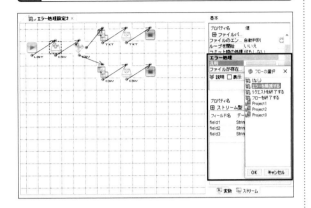

マッパーでエラー情報を参照する

1 Mapperコンポーネントアイコンをダブルクリックして、マッピングウィンドウを表示する

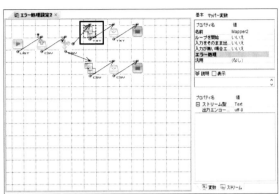

5 BranchByExceptionコンポーネントアイコンを選択し、プロパティを設定する

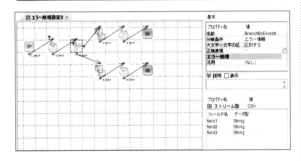

この例では、直前のコンポーネントのエラー処理の「汎用」プロパティで「エラーを無視する」を指定しています。それにより、エラーが発生した場合でも異常終了することなく、BranchByExceptionコンポーネントでのエラー分岐処理が行われます。

HINT
エラー情報

BranchByExceptionコンポーネントで使われるエラー情報は、直前のコンポーネントのエラー処理設定によって内容が変わります。エラー処理プロパティに「エラーを無視する」が指定されている場合、コンポーネントの非表示プロパティであるエラーメッセージに値が設定され、そのエラーメッセージが分岐条件のエラー情報になります。一方、エラー処理フローを呼び出す設定の場合には、エラー処理フローのExceptionReturnコンポーネントの「戻り値」プロパティの値がエラー情報になります。

2 「エラーメッセージ」を出力フィールドなどにマッピングして参照できる

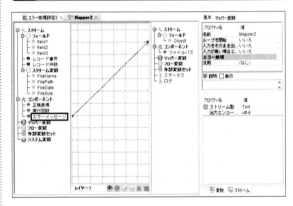

処理コンポーネントの次にマッパーを配置し、マッピングウィンドウを表示すると、入力側の「コンポーネント」に表示されるプロパティに「エラーメッセージ」フィールドが表示されます。参照のみ可能なため、コンポーネントのインスペクタやマッピングウィンドウの出力側では非表示になっています。

ExceptionReturnコンポーネント
エラー処理後にメインフローに戻るようにするには

エラー処理フローが終了コンポーネントで終わった場合、通常はすべてのフローの実行が終了し、リクエストも終了します。エラー処理を行ったあと、呼び出し元のメインフローに復帰して処理を継続するには、ExceptionReturnコンポーネントを利用して終了します。

エラー処理後にメインフローに戻るよう設定する

1 エラー処理フローを表示し、終了コンポーネントを右クリックして、「終了コンポーネントの置き換え」－「ExceptionReturn」を選択する

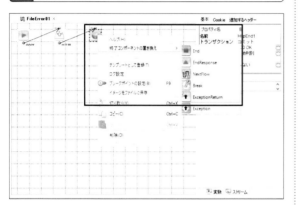

2 ExceptionReturnコンポーネントの「エラー処理後の動作」プロパティで「次のコンポーネント」を指定する

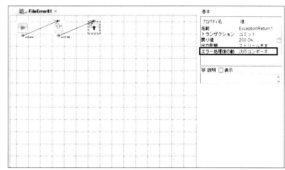

このフローがエラー処理フローとして指定されている場合、エラーが発生してエラー処理が行われたあとは、メインフローに復帰して処理を継続するようになります。コンポーネントプロパティで、エラー処理フローからの復帰先や出力形態を設定できます。

HINT

「エラー処理後の動作」プロパティ

ExceptionReturnコンポーネントの「エラー処理後の動作」プロパティが「次のコンポーネント」の場合、そこからリンクしている次のコンポーネントに制御が移ります。また、エラー処理後の動作が「フローの終了」の場合、エラーが発生したコンポーネントを含む呼び出し元のメインフローを終了させます。

「出力形態」プロパティ

ExceptionReturnコンポーネントの「出力形態」プロパティでは、フローがループしている場合の出力ストリームの形式を指定します。このプロパティの指定により、複数レコードのストリームを1つにまとめたり、コンテナに入れて出力できます。

HINT

終了コンポーネントの選択

メインフロー起動のトリガーがHTTP起動やSOAP起動で、レスポンスデータが必要な場合、エラー処理フローでもそれぞれHttpEndコンポーネント、EndResponseコンポーネントで終了設定します。FTP起動、スケジュール起動など結果データの必要がなければ、Endコンポーネントで終了設定します。エラー処理フローでパラレルやループ処理を行う場合には、Breakコンポーネントも使用できます。通常これらの終了コンポーネントで終わった場合、すべてのフローの実行が終了し、リクエストも終了しますが、エラー処理フローで処理を終了させずに、メインフローに処理を戻して再開させるには、ExceptionReturnコンポーネントを使用します。

Exceptionコンポーネント

エラーを発生させるには

フロー処理の中で故意にエラーを発生させたい場合は、Exceptionコンポーネントを使用します。Exceptionコンポーネントのエラーメッセージやエラーコードプロパティに情報を設定すると、呼び出し元フローまたはエラー処理フローでシステム変数から参照できます。

エラー発生の処理を設定する

1 対象のフローを表示し、エラーを発生させたい箇所へ、「コントロール」タブのExceptionコンポーネント（「エラーを発生させます」）をドラッグして配置する

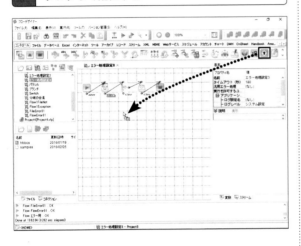

2 それぞれのコネクタとコンポーネントを接続し、Exceptionコンポーネントアイコンを選択して、（必要に応じ）「エラーメッセージ」および「エラーコード」プロパティを設定する

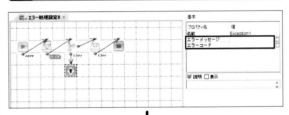

↓

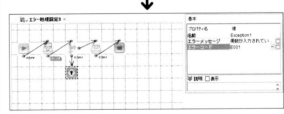

　Exceptionコンポーネントは、終了コンポーネントの1つです。コンポーネントが実行されると直ちにフローは終了します。

HINT
エラーメッセージを参照するには

サブフローがExceptionコンポーネントで終了した場合は、サブフローで発生したエラーが呼び出し元フローに対して通知されます。「エラーメッセージ」プロパティに設定した値は、コンポーネントプロパティの「エラーメッセージ」のほか「戻り値」にも自動的に設定され、呼び出し元フローで次に配置したマッパーから参照できます。また、呼び出し元フローまたはエラー処理フローで、システム変数の「エラーメッセージ」から参照することもできます。

HINT
Exceptionコンポーネントはフロー中に複数配置できますが、そのうちのどれかにたどりついた時点でそのフローは終了します。フローがどの終了コンポーネントで終了したかということや、そのプロパティ設定によってフローの終了方法（サブフローやエラー処理フローの場合の呼び出し元フローへの復帰方法）などが決定されます。

サブフローの利用

別のフローを呼び出すには

フローの中で、別のフローを呼び出し、その処理が実行されるよう設定できます。呼び出されるフローを「サブフロー」、呼び出す側のフローを呼び出し元フロー（メインフロー）といいます。サブフローを呼び出すには、SubFlowコンポーネントを使用します。

SubFlowコンポーネントで別フローを呼び出す

1 対象のメインフローを表示し、フローを呼び出したい位置へ、「コントロール」タブのSubFlowコンポーネント（「サブフロー」）をドラッグして配置する

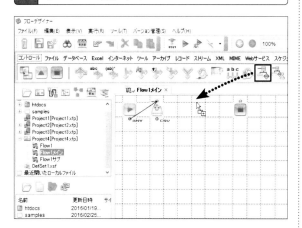

HINT

SubFlowコンポーネントをドラッグして配置する代わりに、ツリーペインのフロー一覧からサブフローをワークスペースへドラッグして配置することもできます（その場合、SubFlowコンポーネントアイコンに加えフロー名も説明として追加されます）。

サブフローは、フロー間の相対的な親子関係の中で「子」にあたるフローの呼び方であり、特別に「サブフロー」という種類のフローを指すわけではありません。

SubFlowコンポーネントの出力を呼び出し元フローで使いたい場合には、「入力をそのまま出力」プロパティの設定を「いいえ」に変更する必要があります。

2 コンポーネントを接続し、SubFlowコンポーネントアイコンを選択して、インスペクタの「実行するフロー」の値欄から、呼び出したいフロー（サブフロー）をダブルクリックする

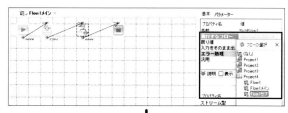

↓

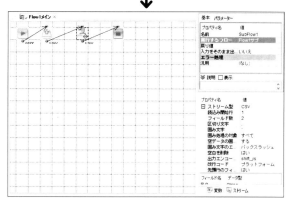

挿入したSubFlowコンポーネントをダブルクリックすると、ワークスペースにサブフローのタブが表示され、フローの内容や設定を確認できます。

HINT

Timerコンポーネントを使って別のフローを呼び出す

Timerコンポーネントは、指定した秒数後に別のフローを実行するものですが、0秒後とするとすぐに別フローの実行が可能です。Timerコンポーネントについては、第8章の「フローからスケジュールを設定するには」も参照してください。

サブフローでストリームを受け取る

1 サブフローとして扱いたいフローを表示し、Startコンポーネントアイコンを選択する

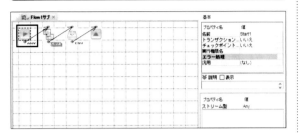

2 Startコンポーネントのストリーム型を、メインフローの出力ストリームに合わせて設定する

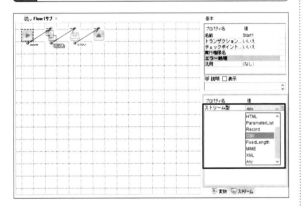

3 フィールド定義を、メインフローの出力ストリームに合わせて設定する

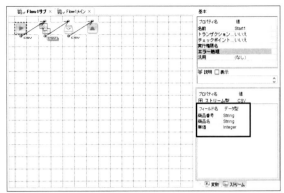

サブフローのStartコンポーネントのストリーム型とフィールド定義を呼び出し元フローに合わせて設定することで、ストリームを受け取ることができるようになります。

HINT

サブフローからストリームを戻すには

サブフローの終了コンポーネントの出力ストリームが、呼び出し元フローのサブフローコンポーネントの出力ストリームになります。サブフローの出力を呼び出し元フローで処理する場合は、出力があるコンポーネントとして、EndResponseコンポーネントを使用します。パラレルやループ処理がある場合はBreakコンポーネント、エラーを発生させるExceptionコンポーネントを使用することもできます（サブフローの出力を呼び出し元フローで処理しない場合は、出力ストリームは無視することになります）。

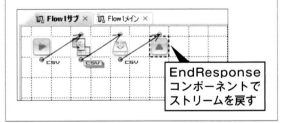

EndResponseコンポーネントでストリームを戻す

CAUTION

Startコンポーネントの出力ストリーム型がAny以外の場合、呼び出し元フローでサブフローコンポーネントの前に配置したコンポーネントの出力ストリーム型と、サブフローのStartコンポーネントの出力ストリーム型が同じでない場合、エラーになります。

HINT

サブフローを作成する場合は、通常のフローを作成します。サブフローは、Startコンポーネントで開始します。終了は任意の終了コンポーネントを使用できますが、NextFlowコンポーネントは使用できません。

サブフローにストリームを渡す

呼び出し元フローで、サブフローコンポーネントの前に配置したコンポーネントの出力ストリームが、サブフローの入力ストリームになります。サブフローの中でそのストリームを処理するには、呼び出し元フローからの出力ストリームと同じストリーム型を、サブフローのStartコンポーネントの出力ストリーム型に指定する必要があります。また、ストリームペインで同じフィールド定義を行います。呼び出し元フローからの入力を処理しない場合は、Startコンポーネントの出力ストリーム型はAnyを選択します。

サブフローの変数をパラメーターとしてメインフローに渡す

1 サブフローとして扱いたいフローを表示し、右下の「変数」タブをクリックして変数ペインを表示する

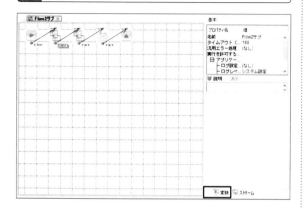

2 フロー変数の「公開」にチェックマークが付いていることを確認する

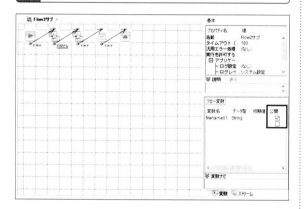

3 次に呼び出し元フローのフローウィンドウを表示し、SubFlowコンポーネントアイコンを選択して、インスペクタの「パラメーター」タブをクリックする

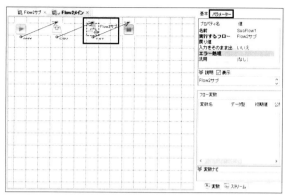

4 サブフローの変数がパラメーターとして設定されていることを確認する

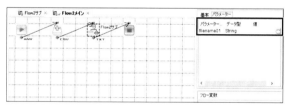

呼び出し元フロー内のサブフローコンポーネントを選択して表示されるインスペクタの「パラメーター」タブで、サブフローで定義したフロー変数がパラメーターとして設定されていることを確認できます。

HINT

サブフローでフロー変数が公開されていれば、呼び出し元フローでサブフローを配置・設定したときに、自動的にサブフローコンポーネントに、パラメーターの情報が設定されます。

サブフロー情報の更新

呼び出し元フローでサブフローを配置したあとにサブフローの情報を変更したときは、呼び出し元フローのSubFlowコンポーネントアイコンを右クリックし、メニューから「サブフロー情報の更新」を選択して、サブフローの変更を呼び出し元フローに反映させる必要があります。

HINT

フローのパラメーターとは

起動するフローのフロー変数を公開しておくことにより、呼び出し元から設定する値を取得できる仕組みのことです。サブフローで定義したフロー変数を公開することで、呼び出し元フローから、そのフロー変数をパラメーターとして設定し、値を渡すことができるようになります。

サブフローに固定パラメーター値を渡す

1 呼び出し元フローを表示し、SubFlowコンポーネントアイコンを選択して、インスペクタの「パラメーター」タブをクリックする

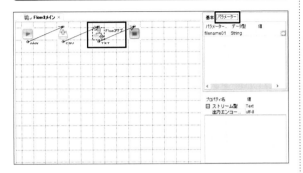

2 「値」欄にパラメーターの値を設定する

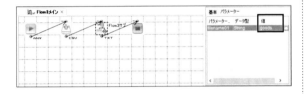

サブフローで設定されているフロー変数に、パラメーターの値が設定されます。

HINT

パラメーターと変数

パラメーターは、サブフローではフロー変数として使われます。フロー変数には初期値を定義でき、パラメーターとして値が渡ってこない場合には、初期値が有効になります。サブフローでフロー変数の初期値を設定した状態から、呼び出し元フローでサブフローコンポーネントの「パラメーター」タブで値を設定すると上書きされます。また、フロー変数の初期値を設定した状態、または「パラメーター」タブで値を設定した状態からマッパーによる置き換え設定をすると、値が上書きされます。

CAUTION

呼び出し元フローでパラメーターの値を設定、変更すると、サブフローでフロー変数の値を設定、変更してもパラメーターには反映されません。

サブフローに動的パラメーター値を渡す

1 呼び出し元フロー内のサブフローコンポーネントの前にMapperコンポーネントを配置する

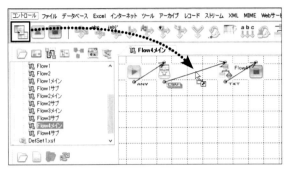

2 Mapperコンポーネントをダブルクリックしてマッピングウィンドウを表示する

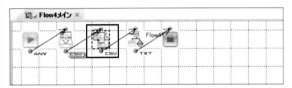

3 マッピングウィンドウ右側（出力側）のサブフローコンポーネントプロパティの「パラメーター」下のパラメーター名フィールドに値をマッピングする

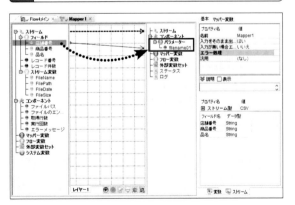

マッパーにより、フローの中で生成された動的な値をサブフローに渡すことができます。マッパーによるパラメーターの置き換え設定をすると、値が上書きされます。

NextFlowコンポーネント／次に実行するフロー

次のフローを呼び出すには

1つのフローが開始から終了まで処理したあとに、続けて別のフローを呼び出すように指定できます。このように続けて呼び出されるフローを「次に実行するフロー」または「Nextフロー」といいます。NextFlowコンポーネントを利用して設定できます。

NextFlowコンポーネントを利用する

1 呼び出し元のフローの終了コンポーネントを右クリックし、メニューから「終了コンポーネントの置き換え」－「NextFlow」を選択する

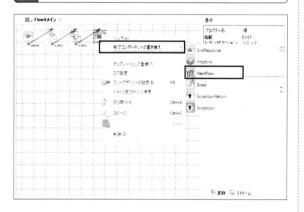

2 NextFlowコンポーネントアイコンが選択された状態で、インスペクタの「次に実行するフロー」プロパティの値欄をクリックし、実行対象のフローをダブルクリックする

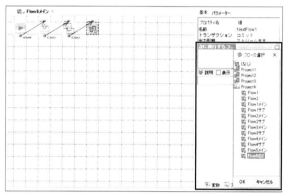

呼び出し元のメインフローを実行すると、そのフローに引き続いて、NextFlowコンポーネントで指定したNextフローが実行されます。

HINT

NextFlowコンポーネントは、終了コンポーネントの1つです。あるフローが終了したあとに、続けて別のフローを実行したいときに利用できます。

ここでは「終了コンポーネントの置き換え」機能を利用しましたが、パレットの「コントロール」タブのNextFlowコンポーネント(「フローを終了して、別のフローの実行します」)をドラッグして配置しても同じです。

HINT

フローの呼び出し元を検索するには

サブフローやNextFlowコンポーネントで設定されているフローが、どの(メイン)フローから呼び出されているかを検索できます。それには、ツリーペインでフローを右クリックし、表示されるメニューから「呼び出し元の検索」を選択します。それにより呼び出し元のフローが「検索結果」ダイアログに表示されます。

FlowInvokerコンポーネント

別のユーザーのフローを実行するには

SubFlowコンポーネントと同様に、サブフローを呼び出すことのできるコンポーネントとして、FlowInvokerコンポーネントがあります。FlowInvokerコンポーネントでは、他のユーザーの管理下のフローでも実行でき、またフロー名を動的に設定することもできます。

別ユーザーのフローを呼び出す

1 対象のメインフローを表示し、フローを呼び出したい位置へ、「コントロール」タブのFlowInvokerコンポーネント（「別ユーザーのフローを実行」）をドラッグして配置する

2 それぞれのコネクタとコンポーネントを接続し、FlowInvokerコンポーネントアイコンを選択して、「実行するフローのオーナー」プロパティの値欄に対象のフローを所有するユーザーを指定する

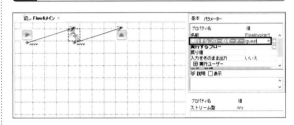

3 「実行するフロー」プロパティの値欄に、「＜プロジェクト名＞.＜フロー名＞」の形式で対象のフローを指定する

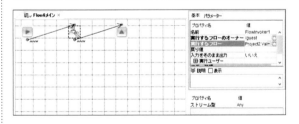

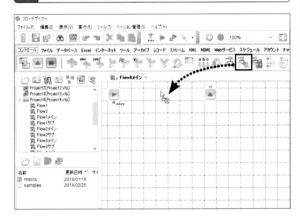

FlowInvokerコンポーネントでもSubFlowコンポーネントと同様に、呼び出されるサブフローで公開されたフロー変数を、「パラメーター」プロパティとして利用できます。

CAUTION

フローを実行するには、あらかじめ作成元のプロジェクトまたはフローの「実行を許可するユーザー」プロパティに、フローを呼び出したユーザーの名前が設定されている必要があります。

HINT

動的にサブフローを実行するには

FlowInvokerコンポーネントの前にMapperコンポーネントを配置してマッピングを設定することで、「実行するフローのユーザー」、「実行するフロー」ともに動的に変更してサブフローを実行できます。

ParallelSubFlowコンポーネント／パラレルサブフロー

サブフローを並列に実行するには

ParallelSubFlowコンポーネントを使用すると、ループ処理の中で別のフローを呼び出し、並列に実行させることができます。これによりマルチCPU、マルチコアCPUのサーバーでは、単純にループ処理を行うよりも効率的に処理を実行できるようになります。

パラレルサブフローで並列に実行する

1 対象のメインフローを表示し、ループの並列処理フローを呼び出したい位置へ、「コントロール」タブのParallelSubFlowコンポーネント（「パラレルサブフロー」）をドラッグして配置する

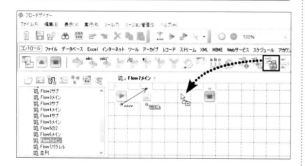

HINT
並列実行するフロー
ループの中で並列実行するサブフローには、ParallelSubFlowコンポーネントの入力ストリームとパラメーターを設定できます。SubFlowコンポーネントと同様に、入力ストリームのフォーマットは、並列実行するフローの入力ストリームのフォーマットと同一にする必要があります。

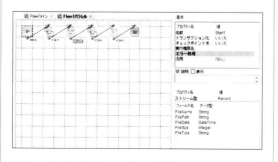

2 それぞれのコネクタとコンポーネントを接続し、ParallelSubFlowコンポーネントアイコンを選択して、「実行するフロー」プロパティの値欄に、呼び出したい並列処理フローを指定する

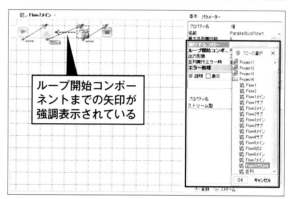

ループ開始コンポーネントまでの矢印が強調表示されている

ParallelSubFlowコンポーネントはループの終了コンポーネントとなって、ループするごとに、指定したフローを並列実行します。このコンポーネントに対応するループ開始コンポーネントは、「ループ開始コンポーネント」プロパティで指定したコンポーネントとなります。

HINT
並列実行するフローの出力ストリーム
並列実行したフローの出力ストリームは呼び出し元のフローに戻されて、ParallelSubFlowコンポーネントの出力ストリームとなります。そのときに、並列実行したフローの出力ストリームをどのようにまとめるかは、「出力形態」プロパティで指定できます。

第5章

Excelファイルと PDFの処理

- 084 Excelファイルからデータを読み込むには
- 088 Excelファイルから単一データを取得するには
- 090 Excelファイルにデータを書き込むには
- 094 セルの装飾情報を取得するには
- 096 セルの装飾情報を設定するには
- 098 キーを使ってExcelデータを更新するには
- 100 Excelのレコードを罫線で区切るには
- 101 Excelファイルにシートを追加するには
- 102 Excelファイルのシート一覧を取得するには
- 103 Excelファイルのシートを削除するには
- 104 ExcelからPDFドキュメントを作成するには

Excelデータの取得

Excelファイルからデータを読み込むには

Excelワークシートからデータを取得し、フロー内へ読み込むには、ExcelPOIInputコンポーネントを利用します。Excelのアドオンソフトである Excel ビルダーを起動して、データ範囲やフィールドを指定し、マッピングで出力ストリームを設定します。

Excelデータ読み込みのフローを作成する

1 「ファイル」タブからFileGetコンポーネント（「ファイルを読み込みます」）を配置し、対象のExcelファイルへのファイルパスを指定して、ストリーム型を「Binary」に変換する

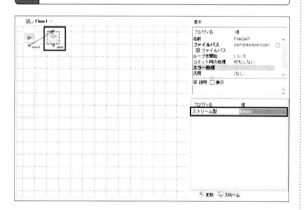

2 パレットの「Excel」タブをクリックし、ExcelPOIInputコンポーネント（「ExcelファイルからデータをReadみます（POIバージョン）」）をドラッグして配置する

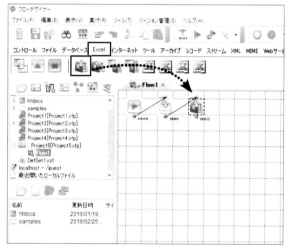

3 必要に応じてその他のコンポーネントを配置し、接続する

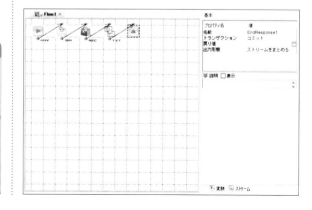

HINT

手順**2**で「ストリーム定義をBinaryに変換します」という確認画面が表示されたら「はい」をクリックして閉じてください。

Excelデータを読み込むExcelInputコンポーネントには、「ExcelPOIInput」（POIバージョン）と「ExcelInput」の2種類がありますが、ExcelPOIInputの使用が推奨されています。

Excelビルダーを起動しデータ範囲を指定する

1 配置したExcelPOIInputコンポーネントをダブルクリックする

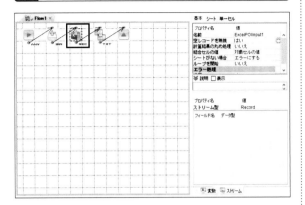

2 セキュリティに関する通知のダイアログで「マクロを有効にする」をクリックしてExcelを起動する

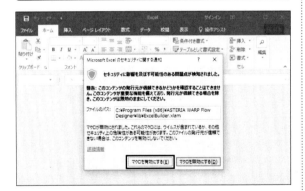

HINT
データ領域の指定

手順**3**では、Excelビルダーでワークシートのデータ領域を指定するためのファイル（実データファイル、もしくはデータ領域のテンプレートとしたい任意のExcelファイル）を開きます。テンプレートのファイル名は実データファイルと異なっていてもかまいませんが、シート名については、テンプレートと実データファイルの双方で同じシート名にしておきます。または、ExcelPOIInputコンポーネントの「シート」タブの「読み込むシート名」プロパティで、実際に読み込むワークシート名を指定します。

3 Excelが起動するので、データ領域を指定するためのExcelファイルを開く

4 Excelで読み込んだファイルが表示されるので、「FlowDesigner」タブをクリックする

5 「ExcelBuilder」アイコンをクリックしてExcelビルダーを起動する

CAUTION
ここではExcel 2016の画面で操作方法を説明しています。Excelのバージョンによっても操作方法は異なります。

続く

| 6 | Excelビルダーの「レコード」タブの「追加」をクリックする |

| 7 | 表示される「範囲指定」ダイアログにデータ範囲を指定し、「OK」をクリックする |

| 8 | 「レコード名入力」ダイアログにレコード名（任意の名前）を入力し、「OK」をクリックする |

HINT

Excelビルダーでは、データ領域を指定する際にワークシートをドラッグして範囲指定するため、データ領域を隠さないように、Excelビルダーの表示位置を少しずらしておくとよいでしょう。

7の「範囲指定」ダイアログでは、Excelワークシートのデータ範囲をドラッグして指定したあとに、必要に応じて編集します。ExcelPOIInputやExcelPOIOutputの処理では、ここで指定した領域の範囲内でデータが取得または更新されるので、実データが入力される最大範囲を指定しておきましょう。

| 9 | 「レコード行数入力」ダイアログで1レコードの行数を指定し、「OK」をクリックする |

| 10 | Excelビルダーに戻るので、指定したレコード範囲をクリックすると、下の「レコードフィールド」欄にフィールド情報が表示される |

| 11 | 「フィールド名取得」をクリックし、表示される「範囲指定」ダイアログでフィールド名の範囲を指定して、「OK」をクリックする |

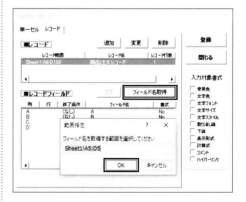

HINT

「範囲指定」ダイアログでは、Excelワークシート上のデータ範囲やフィールド名範囲をドラッグすることで、範囲指定の操作ができます。

12 「登録」をクリックして、追加したレコード範囲を登録する

確認のダイアログで「OK」をクリックすると、Excelビルダーのダイアログが閉じられます。Excelファイルを閉じてExcelを終了すると、フローデザイナーの画面に戻ります。

CAUTION
Excelビルダーで設定を変更したら、ダイアログを閉じる前に、必ず「登録」ボタンをクリックして終了してください。「閉じる」ボタンで終了すると、設定内容は保存されません。

HINT
フィールド名を個別に設定するには
Excelビルダーの「レコードフィールド」の一覧で対象のフィールドを選択し、「変更」をクリックします。「名前入力」ダイアログが表示されるので、フィールド名を入力し、「OK」をクリックします。

レコード終了条件を設定するには
フィールドを個別に設定する場合、レコードの終了条件を指定するかどうかの確認ダイアログが表示されます。終了条件を指定しない場合、指定範囲内の最後のレコードまで読み取りが行われますが、終了条件を指定することで、特定のフィールド（列）が特定の値（空欄指定も可）に来たところでレコードの読み取りが終了されるように設定できます。

Excelデータのマッピングを指定する

1 ExcelPOIInputコンポーネントを選択し、ストリームペインでフィールド定義が設定されていることを確認して、必要に応じデータ型を変更する

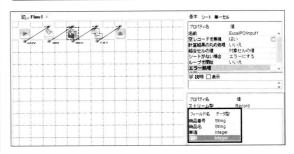

2 出力ストリームに合わせて、Mapperコンポーネントのストリーム定義を設定する

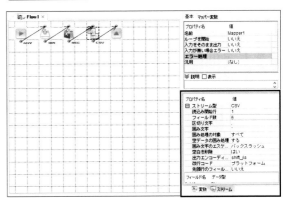

3 処理に合わせてマッピング設定を行う

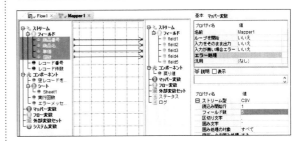

Excelビルダーで指定したデータ範囲のデータをマッピングすることで、ストリームとして出力できます。

単一セルからのExcelデータの取得

Excelファイルから単一データを取得するには

Excelのファイルに入力されるデータは、レコード（リスト）形式とは限らず、伝票番号や入力日付といった、単一セルに入力される形式の場合もあります。単一セルに入力されたデータを取得するときも、レコード形式と同様にExcelビルダーを使って操作します。

Excelから単一セルのデータを取得する

1 Excelデータ読み込みのフローを作成し、配置したExcelPOIInputコンポーネントアイコンをダブルクリックする

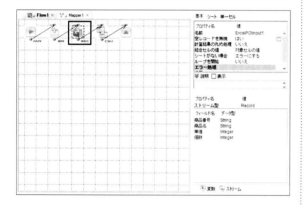

2 Excelでデータ取得用のテンプレートファイルを開き、Excelビルダーを起動する

3 Excelビルダーの「単一セル」タブをクリックし、「追加」をクリックする

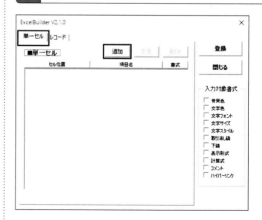

HINT

Excelデータ読み込みのフローを作成する手順や、Excelビルダーを起動する手順について詳しくは、前の「Excelファイルからデータを読み込むには」を参照してください。

ファイルの場所を変更した場合

Excelビルダーでの登録後にテンプレートファイルの場所を変更した場合は、確認ダイアログで「OK」をクリックしてから、Excelの「ファイルを開く」メニューで改めてテンプレートファイルを開き、その後もう一度Excelビルダーを起動してください。

4 「範囲指定」ダイアログが表示されるので、Excelのワークシート上でセルを選択し、「OK」をクリックする

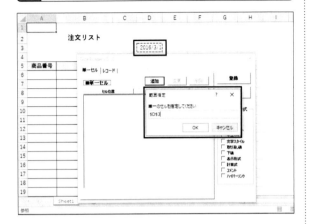

5 表示される「項目入力」ダイアログに任意の項目名を入力し、「OK」をクリックする

6 「登録」をクリックして、追加したデータを登録する

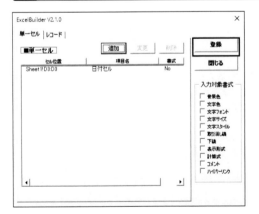

> **HINT**
> 設定を変更せずにExcelビルダーを終了するには、Excelビルダーの「閉じる」をクリックします。

7 確認のダイアログで「OK」をクリックし、Excelファイルを閉じてExcelを終了する

8 ExcelPOIInputコンポーネントを選択し、インスペクタの「単一セル」タブに項目が追加されていることを確認して、必要に応じデータ型を変更する

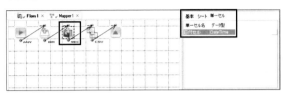

9 処理に応じデータのマッピングを設定する

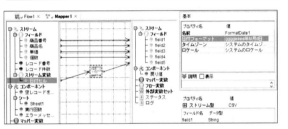

上の例では、「日付セル」のデータを出力フィールドのfield5にマッピングし、マッパー関数のFormatDate関数を利用して、日付データを「ggggeeee年M月d日」(例：平成28年3月1日)のように出力するよう設定しています。

> **HINT**
> Excelビルダーでは、Excelのデータ範囲を指定してレコードを追加します。連続したデータ領域は「レコード」タブの「追加」ボタンから、また単一のセルは「単一セル」タブの「追加」ボタンから指定できます。
>
> **単一セルの扱い**
> Excelビルダーで単一セル領域を設定すると、ExcelPOIInputコンポーネントの「単一セル」プロパティにその値が読み込まれます。このプロパティは、自動的にストリーム変数となり、コンポーネントの後ろに連結したマッパーで、ストリーム変数として見えるようになっています。なお、フィールド名の定義はExcelビルダー上で行い、フローデザイナー上では変更できません。

Excelデータの更新

Excelファイルにデータを書き込むには

Excelのシートへデータを書き込むには、ExcelPOIOutputコンポーネントを利用します。データを読み込むExcelPOIInputコンポーネントと同様に、Excelビルダーを起動してデータ範囲やフィールドを指定し、マッピングによってストリーム変換します。

Excelファイルへデータを書き込むフローを作成する

1 「ファイル」タブからFileGetコンポーネント(「ファイルを読み込みます」)を配置し、Excelファイルへ書き出すためのデータファイルへのファイルパスを指定して、ストリーム定義を設定する

2 Mapperコンポーネント、次に「Excel」タブからExcelPOIOutputコンポーネント(「Excelファイルへデータを書き込みます(POIバージョン)」)をドラッグして配置する

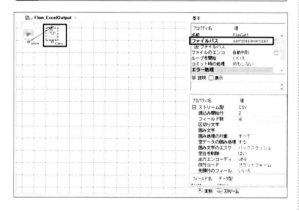

3 「ストリーム定義をRecordに変換します」というダイアログが表示されたら「はい」をクリックして閉じる

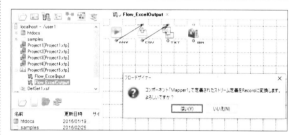

4 必要に応じてその他のコンポーネントを配置し、接続する

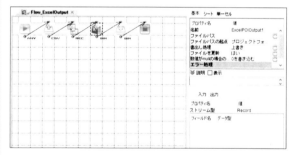

ExcelPOIOutputコンポーネントの直前に置いたMapperのコンポーネントのフィールド定義は、Excelビルダーにより設定されます。

HINT

Excelへデータを出力するExcelOutputコンポーネントには、「ExcelPOIOutput」(POIバージョン)と「ExcelOutput」の2種類がありますが、ExcelPOIOutputの使用が推奨されています。

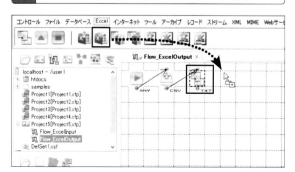

Excelビルダーで書き込み範囲を指定する

1 配置したExcelPOIOutputコンポーネントをダブルクリックして、マクロを有効にしてExcelを起動し、書き込み先の実データファイル、もしくはデータ領域のテンプレートとしたい任意のExcelファイルを開く

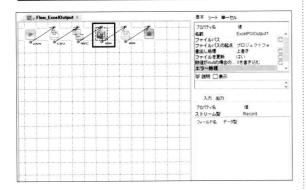

2 Excelの「FlowDesigner」タブをクリックし、「ExcelBuilder」アイコンをクリックしてExcelビルダーを起動する

3 Excelビルダーの「レコード」タブの「追加」をクリックし、表示されるダイアログでデータの書き込み範囲を指定して、レコード名、1レコードあたりの行数も指定する

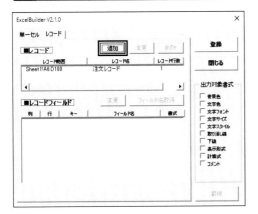

HINT

Excelデータを読み込むExcelPOIInputコンポーネントと同様の操作で、レコード範囲やフィールド名を設定します。

4 レコード範囲を選択し、フィールド名を一括(「フィールド名取得」)もしくは個別に設定する

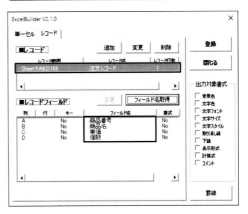

5 単一セルに書き込むデータがある場合は、Excelビルダーの「単一セル」タブの「追加」をクリックして指定する

6 「登録」をクリックし、確認のダイアログで「OK」をクリックして、Excelも終了する

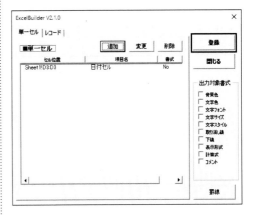

Excelビルダーでの指定により、データの書き込み範囲と、コンポーネントのフィールド定義が設定されます。次の手順で、データをマッピングにより対応付けます。

HINT

ExcelPOIInput／ExcelPOIOutputコンポーネントの処理では、指定領域の範囲内でデータの取得／更新が行われるため、**3**のレコード範囲の指定では、実データが入力される最大範囲を指定してください。

データ書き込みのマッピングを指定する

1 ExcelPOIOutputコンポーネントを選択し、ストリームペインでフィールド定義が設定されていることを確認して、必要に応じデータ型を変更する

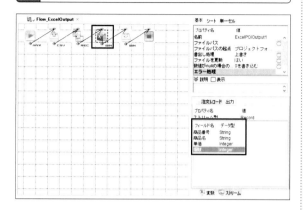

2 Excelビルダーで単一セルの範囲を指定した場合は、インスペクタの「単一セル」タブに情報が入力されていることを確認する

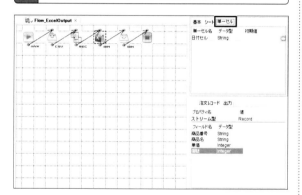

3 ExcelPOIOutputコンポーネントの「ファイルパス」プロパティに、データ書き込み用Excelファイルへのパスを指定し、「ファイルを更新」プロパティを「いいえ」に設定する

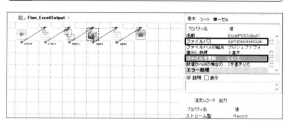

4 Mapperコンポーネントのフィールド定義が設定されていることを確認し、コンポーネントアイコンをダブルクリックしてマッピングウィンドウを表示する

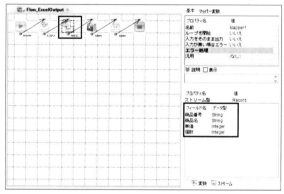

HINT
ExcelPOIOutputコンポーネントの「ファイルパス」プロパティ

「ファイルパス」プロパティには、書き込み用Excelファイルへのパスを指定します。指定したファイルが存在しない場合には、空のExcelブックが作成され書き込みが行われます。Excelビルダーでデータ範囲のテンプレートに使用したファイルへのパスを指定することもできますが、その場合は「ファイルを更新」プロパティを「いいえ」に設定して、テンプレートファイル自身が更新されないようにします。

HINT
ExcelPOIOutputコンポーネントの「ファイルを更新」プロパティ

「ファイルを更新」プロパティでは、ファイルパスで指定したExcelファイルを更新するかどうかを指定します。「はい」(True)を指定すると、Excelファイルは更新されます。「いいえ」(False)を指定した場合には更新は行われず、更新されたファイルイメージのみがストリームに出力されるので、更新されたExcelファイルは、FilePutコンポーネントで指定します。

CAUTION
日付や数値のデータを出力する場合、ExcelPOIOutputコンポーネントのフィールド定義に加え、Excel側での表示形式の設定が必要になる場合もあります。

5 Excelデータの書き込み処理に合わせて、マッピングを指定する

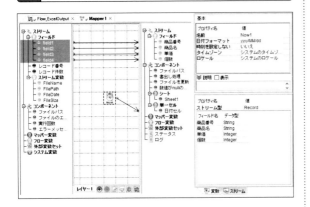

6 フロー画面に戻り、FilePutコンポーネントの「ファイルパス」プロパティに、書き込み先Excelファイルのパスを指定する

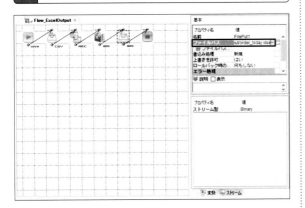

フローを実行すると、FilePutコンポーネントの「ファイルパス」プロパティで指定したExcelファイルの、指定した領域に、指定したデータが書き込まれます。

> **HINT**
> 手順5では、入力側の4つのフィールドをそのまま出力側の4つのフィールドにマッピングしているほか、単一セルの「日付セル」には、マッパー関数のNow関数を利用して、今日の日付を「yyyy/MM/dd」の形式で出力するように設定しています。

Excelのレコード領域にデータを追加で書き込む

1 Excelファイルへデータを書き込むフローを作成し、レコード領域やフィールドを指定して、ExcelPOIOutputコンポーネントの「ファイルパス」プロパティには、データ書き込み先のExcelファイルへのパスを指定する

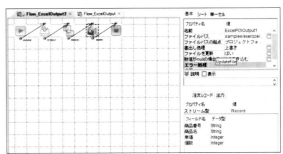

2 ExcelPOIOutputコンポーネントの「書出し処理」プロパティに「追加」を指定し、「ファイルを更新」プロパティは「はい」を指定する

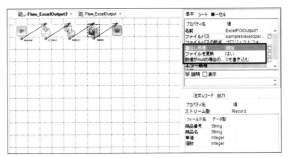

フローを実行すると、ExcelPOIOutputコンポーネントの「ファイルパス」プロパティで指定したExcelファイルの、指定した領域内のデータの最終空白行に、指定したデータが書き込まれます。更新したストリームのみ出力するなら、「ファイルを更新」プロパティを「いいえ」にしてもかまいません。

> **HINT**
> ExcelPOIOutputコンポーネントの「書出し処理」プロパティで「追加」を指定すると、(キーを指定していない場合)レコード領域の最終空白行にレコードが追加されます。

セルの書式情報の取得

セルの装飾情報を取得するには

Excelファイルのデータを取得する際に、セルの背景色や文字の色、文字のフォントやスタイルといった書式情報も一緒に取得できます。Excelビルダーで対象の項目を指定すると、入力フィールドとしてその項目が追加されるので、マッピングで出力の設定をします。

セルの書式情報を取得する

1 Excelデータ読み込みのフローを作成し、配置したExcelPOIInputコンポーネントからデータ指定用のExcelファイルを開いて、Excelビルダーを起動する

2 「レコードフィールド」欄で、書式情報を取得したいフィールドを選択してから、「入力対象書式」欄で、情報を読み取りたい項目にチェックマークを付ける

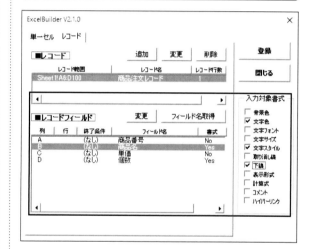

HINT
ここでは、(テンプレートとするExcelファイルではなく)、実際にセル情報を読み込むExcelファイルを開いています。レコード範囲やフィールド名は指定済みの状態です。

Excelビルダーの「レコードフィールド」や「単一セル」の「書式」列が「Yes」となっている場合、そのフィールドまたはセルの書式情報が指定されています。

HINT
Excelビルダーを起動するには
まず、ExcelPOIInput／ExcelPOIOutputコンポーネントをダブルクリックするか、またはコンポーネントアイコンを右クリックして表示されるメニューの「Excelビルダー」を選択して、Excelを起動します。このExcelには「Infoteria ExcelBuilder」マクロが含まれているため、起動の際にマクロを有効にします。次に、データの入出力を行うためのテンプレートとなる任意のExcelファイルを開き、「ExcelBuilder」アイコンをクリックして、Excelビルダーダイアログを表示します。

3 設定が終了したら、「登録」をクリックしてExcelビルダーを閉じ、Excelも終了する

5 入力側に、指定した書式情報の項目を表すフィールドが追加されているので、出力ストリームの設計に合わせて、マッピングを設定する

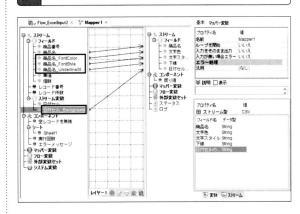

4 取得したセルの書式情報を参照できるように、ExcelPOIInputコンポーネントの直後にMapperコンポーネントを配置し、ダブルクリックする

Excelビルダーの「入力対象書式」でチェックマークを付けた項目は、**＜フィールド名＞_FontColor**、**＜フィールド名＞_FontStyle**など、フィールド名の後ろに書式情報を表す文字列が付けられた形で、入力ストリームにおけるフィールドとして表示され、マッピング設定によって取得できるようになります。

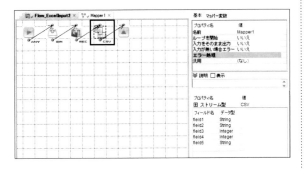

HINT

単一セルに指定したセルの書式情報を取得するには、「単一セル」タブでセル項目を選択し、「入力対象書式」で対象の書式情報項目にチェックマークを付けます。

書式情報の出力例

「入力対象書式」項目で取得した書式情報をストリームに出力すると、各情報を表す文字列や数値として出力されます。

HINT

取得した書式情報

ExcelPOIInputコンポーネントで取得した書式情報は、入力ストリームにおけるフィールド名となり、マッピングによって出力するように設定できますが、その値は以下のようになります。

- 背景色：色を表すRGB16進数値
- 文字色：色を表すRGB16進数値
- 文字フォント：フォント名文字列
- 文字サイズ：ポイント値整数
- 文字スタイル：通常 [0]、ボールド [1]、イタリック [2]、ボールド＋イタリック [3] に対応する数値
- 取消線：あり [True]、なし [False]
- 下線：なし [0]、下線 [1]、二重下線 [2]、下線（会計）[33]、二重下線（会計）[34] に対応する数値
- 表示形式：表示形式のパターン文字列
- 計算式：計算式文字列
- コメント：コメント文字列

セルの書式情報の設定

セルの装飾情報を設定するには

Excelファイルへデータを書き込む際に、セルの背景色や文字の色、文字のフォントやスタイルといった書式情報も設定して書き込むことができます。書式情報を取得する場合と同様に、Excelビルダーで対象の項目を指定し、マッピングで出力の設定をします。

セルの書式情報を設定する

1 Excelデータ書き込みのフローを作成し、配置したExcelPOIOutputコンポーネントからデータ指定用のExcelファイルを開いて、Excelビルダーを起動する

HINT

ここでは、ExcelPOIOutputコンポーネントからExcelを起動し、レコード範囲を指定したテンプレートのExcelファイルを開いてExcelビルダーを起動しています。レコード範囲やフィールド名は指定済みの状態です。

単一セルに指定したセルの書式情報を設定するには、「単一セル」タブでセル項目を選択し、「出力対象書式」で対象の書式情報項目にチェックマークを付けます。

CAUTION

「出力対象書式」のうち「表示形式」については利用できません（未対応）。

2 「レコードフィールド」欄で、書式情報を設定したいフィールドを選択してから、「出力対象書式」欄で、情報を読み取りたい項目にチェックマークを付ける

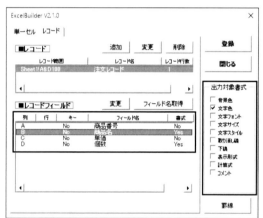

3 設定が終了したら、「登録」をクリックしてExcelビルダーを閉じ、Excelも終了する

4 指定した「出力対象項目」に対し、セルの書式情報をマッピングできるよう、ExcelPOIOutputコンポーネントの直前にMapperコンポーネントを配置し、ダブルクリックする

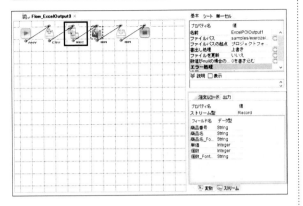

5 出力側に、指定した書式情報の項目を表すフィールドが追加されているので、マッパー関数のConst関数を使って値を表す文字列をマッピングする

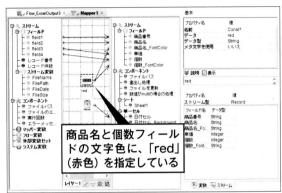

商品名と個数フィールドの文字色に、「red」（赤色）を指定している

↓

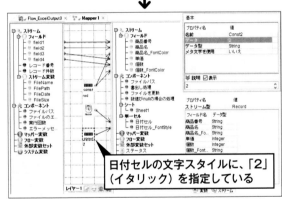

日付セルの文字スタイルに、「2」（イタリック）を指定している

Excelビルダーの「出力対象書式」でチェックマークを付けた項目が、出力側のフィールドとして表示され、Const関数で書式情報の文字列をマッピングすることで、書式情報の設定が可能になります。

HINT

設定可能な書式情報

ExcelPOIOutputコンポーネントで設定可能な書式情報とその設定文字列は、以下の表のとおりです。なお、色名称文字列はMicrosoft Excelの標準色パレットに基づくもので、ユーザー定義のパレットはサポートされません。

書式設定項目	フィールド名	設定文字列
背景色	[項目名]_Background	色名称文字列
文字色	[項目名]_FontColor	色名称文字列
文字フォント	[項目名]_FontName	フォント名文字列
文字サイズ	[項目名]_FontSize	ポイント値整数
文字スタイル	[項目名]_FontStyle	通常[0]／ボールド[1]／イタリック[2]／ボールド＋イタリック[3]
取消線	[項目名]_StruckOut	あり[True]／なし[False]
下線	[項目名]_UnderlineStyle	なし[0]／下線[1]／二重下線[2]／下線（会計）[33]／二重下線（会計）[34]
計算式	[項目名]_Formula	計算式文字列
コメント	[項目名]_Comment	コメント文字列

キーの設定／「書出し処理」プロパティ

キーを使ってExcelデータを更新するには

ExcelPOIOutputコンポーネントを使って「Excelのレコード領域にデータを追加で書き込む」方法を前述しましたが、さらに「キー」を設定すると、レコード領域内にデータを書き込む位置を、キーの値により制御できます。データの更新、追加、挿入、削除などが可能です。

キーを使ってデータを追加する

1 Excelデータ書き込みのフローを作成し、配置したExcelPOIOutputコンポーネントからデータ指定用のExcelファイルを開いて、Excelビルダーを起動する

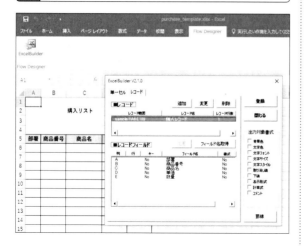

2 「レコードフィールド」欄で、キーを設定したいフィールドを選択し、「変更」をクリックする

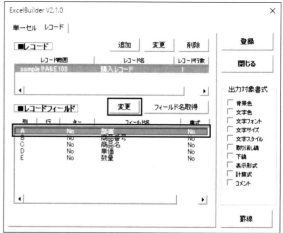

3 「名前入力」ダイアログでフィールド名を確認または変更し、「OK」をクリックする

4 「キー指定可能なフィールドですか？」で「はい」をクリックする

HINT

ここでは、データ領域指定用のテンプレートファイルを開いています。レコード範囲やフィールド名はExcelビルダーであらかじめ指定済みの状態です。

Excelビルダーの「レコードフィールド」の「キー」列が「Yes」となっている場合、そのフィールドにはキーが指定されています（「No」となっている場合は指定されていません）。

5 Excelビルダーで「登録」をクリックし、Excelも終了してフローウィンドウに戻る

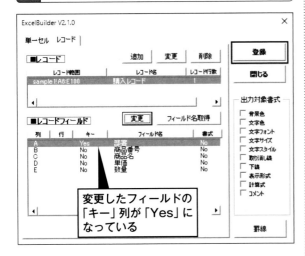

変更したフィールドの「キー」列が「Yes」になっている

6 ExcelPOIOutputコンポーネントの「ファイルパス」プロパティに、データの書き込み元のExcelファイルへのパスを指定する

7 ExcelPOIOutputコンポーネントの「書出し処理」プロパティに「追加」を指定する

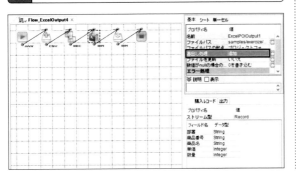

8 FilePutコンポーネントの「ファイルパス」プロパティに、更新されたデータの書き込み先Excelファイルへのパスを指定する

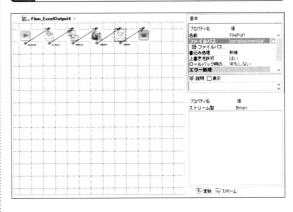

マッピングやフィールド定義も設定してフローを実行すると、指定したキーの値に応じて、レコードが後ろに追加されます。

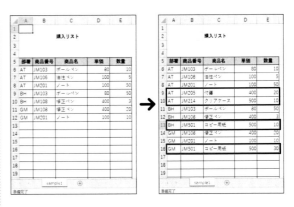

HINT

データの挿入や削除をするには

ここでは、キーを使ってレコードを後ろに追加しましたが、同じ方法で前に挿入したり、更新、削除することもできます。それには、キーを指定してから、ExcelPOIOutputコンポーネントの「書出し処理」プロパティで目的の処理を選択します。キーを使った方法では、「追加」以外に「挿入（キー指定）」、「更新（キー指定）」、「削除（キー指定）」を指定できます。

キーブレイク罫線

Excelのレコードを罫線で区切るには

Excelビルダーの「キーブレイク罫線」という機能を利用すると、指定したキーフィールドの値が前のレコードと異なる場合に、レコードの上に罫線を引くことができるので、キーの値ごとにレコードを罫線で区切るように設定できます。罫線の種類と色も変更が可能です。

キーブレイク罫線を設定する

1 Excelデータ書き込みのフローを作成し、配置したExcelPOIOutputコンポーネントからデータ指定用のExcelファイルを開いて、Excelビルダーを起動する

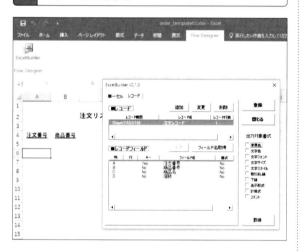

2 いずれかのフィールドにキーを指定し、「罫線」をクリックする

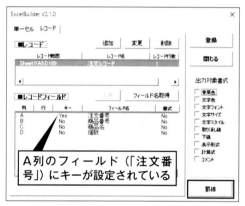

A列のフィールド(「注文番号」)にキーが設定されている

3 「キーブレイク罫線設定」ダイアログで「キーフィールド」を選択し、「罫線の種類」、「罫線の色」も指定して「OK」をクリックする

HINT
キーを指定する方法については、前述の「キーを使ってExcelデータを更新するには」を参照してください。

「キーブレイク罫線設定」ダイアログで色を変更するには、「罫線の色」の色の部分をクリックし、表示される「色の設定」ダイアログで色をクリックして設定します。

CAUTION
キーブレイク罫線は、Excel 2007以降でExcelPOIOutputコンポーネントを使用した場合のみ動作します。

マッピングやフィールド定義も設定してフローを実行すると、指定したキーの値が変わる位置でレコードの上に罫線が引かれます。罫線は、太線や極太線、破線、鎖線なども選択できます。

新規シートへの出力

Excelファイルにシートを追加するには

Excelへデータを出力する際に、シート名を指定できます。その名前のシートが存在しない場合は新規に作成されますが、その際に空のシート、もしくは別のシートのコピーとして作成できます。また、シート名をフロー中で動的に指定することも可能です。

新規シートに出力するよう設定する

1 Excelデータ書き込みのフローを作成し、配置したExcelPOIOutputコンポーネントを選択して、インスペクタの「シート」タブをクリックする

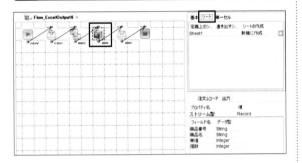

2 「書き出すシート」に作成するシートの名前を入力する

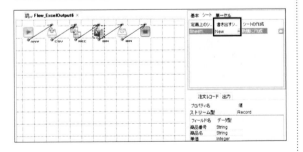

HINT

「定義上のシート名」には、Excelビルダーでレコードや単一セルを定義したときのシート名が表示され、出力に使われます。「書き出すシート名」に値を指定することで、出力シート名が置き換わります。

3 書き出すシートの処理に合わせて「シートの作成」で方法を選択する

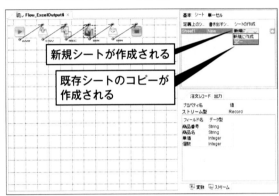

「シートの作成」での設定は、「書き出すシート」に指定した名前のシートが存在しない場合（シートが新規で作成される場合）にのみ、有効になります。

HINT

シート名を動的に設定するには

ExcelPOIOutputコンポーネント直前のマッパーで、コンポーネントの「シート」のシート名にマッピングすることで、「書き出すシート名」を動的に設定できます。

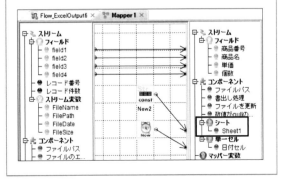

ExcelSheetListコンポーネント

Excelファイルのシート一覧を取得するには

Excelファイルに含まれているワークシートの一覧を取得するには、ExcelSheetListコンポーネントを利用します。Excelファイルのバイナリイメージを読み込み、シート一覧をRecord形式のストリームとして出力します。

Excelファイルのシート一覧を取得する

1 FileGetコンポーネントなどで読み込み対象のExcelファイルを指定してから、「Excel」タブのExcelSheetListコンポーネント(「Excelファイル中のワークシートの一覧を取得します」)をドラッグして配置する

2 「ストリーム定義をBinaryに変換します」という確認画面が表示されたら「はい」をクリックして閉じる

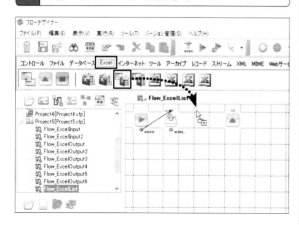

3 ループやエラーなどのプロパティを処理に合わせて設定し、その他のコンポーネントと接続してフローを完了させる

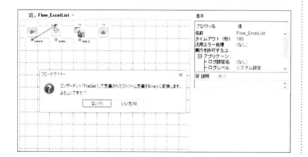

　ExcelSheetListコンポーネントの出力ストリームは、「SheetName」のフィールドを含む、固定フォーマットのレコードとなります。

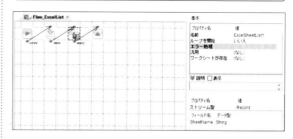

HINT

読み込み可能なファイルについて

ExcelSheetListコンポーネントでは、Excel 97以降の形式のExcelファイル(xlsおよびxlsx形式)が読み込み可能です。ブックの保護されたExcelファイルは、xlsx形式の場合のみ読み込みできます。ただし、パスワードで保護されている場合はどの形式のExcelファイルでも読み込むことはできません。

ExcelSheetDeleteコンポーネント

Excelファイルのシートを削除するには

ExcelSheetDeleteコンポーネントを利用すると、Excelファイルから特定のシートを削除して、その削除した状態をストリームに出力できます。FilePutコンポーネントにより、削除した状態のExcelファイルを取得できます。なお、元のファイルの状態は変わりません。

Excelファイルのシートを削除し、出力する

1 FileGetコンポーネントなどで読み込み対象のExcelファイルを指定してから、「Excel」タブからExcelSheetDeleteコンポーネント（「Excelファイルから指定されたワークシートを削除します」）をドラッグして配置する

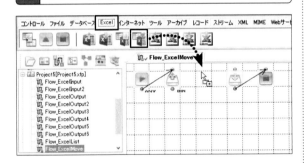

2 配置されたExcelSheetDeleteコンポーネントを選択し、「削除するシート名」に削除対象のシート名を指定する

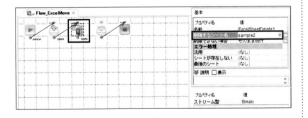

3 削除後のファイルを得るには、FilePutコンポーネントを配置し、「ファイルパス」プロパティに、出力Excelファイルへのパスを指定する

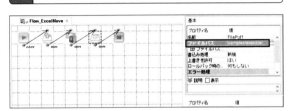

フローを実行すると、「ファイルパス」プロパティで指定した場所に、指定したシートが削除された状態のExcelファイルが出力されます。

HINT
読み込み可能な情報について

ExcelSheetDeleteコンポーネントでは、Excel 97以降の形式のExcelファイル（xlsおよびxlsx形式）が読み込み可能です。ただし、Excel97-2003形式（xls形式）ファイルでは、以下のようなセル・オブジェクトを含むExcelファイルはサポートされません（読み込みは可能ですが、保存時に情報が失われます）。また、読み込み元のExcelファイルと、書き込み先のExcelファイルの形式は同一であることが必要です。

- マクロ
- テキストオブジェクト
- 図形
- 名前付きセル参照
- コメント・入力規則を設定した計算式セル

HINT
ExcelSheetDeleteコンポーネントを読み込む際に、「ストリーム定義をBinaryに変換します」という確認画面が表示されたら「はい」をクリックして閉じてください。

CAUTION
Excelファイルでは、最低でも1つのシートが存在する必要があるため、シートをすべて削除することはできません。

PDFイメージの出力

ExcelからPDFドキュメントを作成するには

PDF形式のドキュメントを作成するには、PDFコンポーネントを使用します。PDFコンポーネントでは、Excelビルダーと同様のPDFビルダーを使って、Excelファイル上でレイアウトを定義します。ストリームはPDFファイルイメージとして出力されます。

PDFビルダーを起動する

1 対象のフローを表示し、「ツール」タブのPDFコンポーネント（「PDFデータを生成します」）をドラッグして配置する

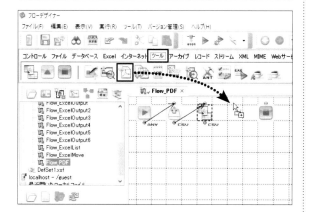

2 「ストリーム定義をRecordに変換します」という確認画面が表示されたら「はい」をクリックして閉じる

3 配置したPDFコンポーネントをダブルクリックする

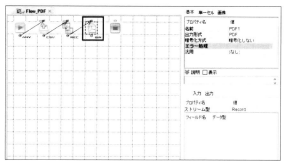

4 セキュリティに関する通知のダイアログで「マクロを有効にする」をクリックする

HINT

PDFビルダーについて

PDFビルダーは、Excel上で動作するアドオンソフトウェアで、Excel 2003以降のバージョンで利用できます。マクロとして動作するため、「マクロを有効にする」などの方法で、Excel上でマクロの実行権限を「中」以下に設定する必要があります。PDFビルダーの起動方法は、Excelビルダーと同様です。

CAUTION

使用するフォントによっては、PDFビルダーで対応していない場合もあります。正しく出力されない場合は、使用するフォントを切り替えて操作してください。

5 Excelが起動するので、テンプレート用のExcelファイルを開き、「FlowDesigner」タブの「PDFBuilder」をクリックする

PDFビルダーでレイアウトを定義する

1 PDFビルダーの「環境設定」タブの「ページ選択」欄で、出力したいPDFページを選択する

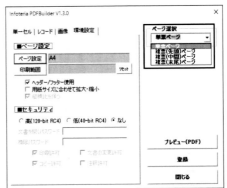

PDFビルダーが起動し、「環境設定」タブが表示されます。

HINT

前回のPDFビルダーでの起動時に登録したテンプレートファイルと異なるファイルを開くと、処理続行の確認ダイアログが表示されるので、そのファイルをテンプレートに使用する場合は「はい」を選択して続けてください。

CAUTION

PDFコンポーネントでは、PDFビルダーで定義するときに用いたフォントがサーバー側にも存在していなければ、PDFを生成できません。サーバーをUNIXで運用する場合、[INSTALL_DIR]/fontsにフォントをコピーしておく必要があります。

2 「印刷範囲」をクリックし、「範囲指定」ダイアログで、PDFのページとして出力したい範囲（印刷範囲）を指定する

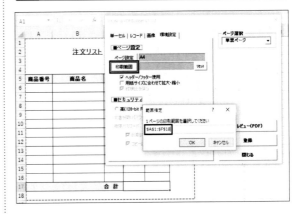

HINT

ページ設定を変更するには

用紙サイズや印刷の向きなどページ設定を変更したい場合は、「ページ設定」をクリックすると、Excelの「ページ設定」ダイアログが表示されるので、出力したいPDFイメージに合わせてそれぞれの項目を変更してください。

フィールド名を設定するには

「レコードフィールド」欄でフィールドを選択し、「変更」をクリックして表示される「名前入力」ダイアログでフィールド名を入力します。この操作はフィールドごとに必要です。

chap5 ExcelファイルとPDFの処理

続く

3 フロー実行時にデータを差し込みたい場合は、Excelビルダーと同様に「レコード」タブや「単一セル」タブを表示して範囲やフィールド名を設定する

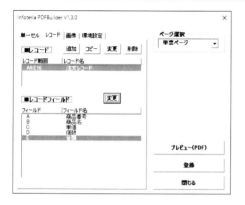

4 設定が終了したら「登録」をクリックしてPDFビルダーを閉じ、確認画面で「OK」をクリックして、Excelも終了する

フロー画面に戻るので、PDFコンポーネントにMapperコンポーネントなどを接続し、指定したレコードや単一セル、画像に必要なデータを受け渡すよう設定します。

> **HINT**
> **画像を挿入するには**
> Excelのシート上に貼り付けられている画像をPDFに出力するには、PDFビルダーの「画像」タブで「追加」をクリックし、画像名、次に画像ファイルを選択すると画像の一覧に表示され、最後に登録することで出力されるようになります。

> Excelを終了する際に、ファイルの保存を確認するダイアログが表示されたら「保存」をクリックして閉じます。

マッピングを設定する

1 PDFコンポーネントの直前に配置したMapperコンポーネントで、データの受け渡しに合わせてマッピングを指定する

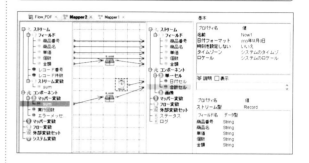

2 必要に応じてMapperコンポーネントやFile Putコンポーネントを接続し、PDFコンポーネントのプロパティも設定する

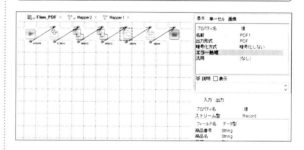

FilePutコンポーネントでPDFファイルへのパスを指定すると、フローの結果ストリームがPDFファイルとして出力されます。

> **HINT**
> **PDFコンポーネントのプロパティ**
> 「暗号化方式」で「低強度」または「高強度」を選択すると、パスワードや印刷許可、コピー許可などセキュリティ関連のプロパティも設定できるようになります。

第6章

データベース連携とレコード処理

- 108 コネクションを作成するには
- 110 データベースからデータを読み込むには
- 114 データベースへデータを書き込むには
- 118 任意のSQL文を実行するには
- 119 入力レコードとRDBレコードとの差分を処理するには
- 121 コネクションを動的に変更するには
- 122 フローのトランザクション化を設定するには
- 123 テーブル定義書を作成するには
- 124 レコードを処理するには
- 129 マッパーでRDBからデータを得るには

RDBコネクションの作成

コネクションを作成するには

データベース（RDB）へ接続して処理を行うフローでは、RDB接続用の「コネクション」を作成する必要があります。コネクションは、FSMC（フローサービス管理コンソール）でも作成できますが、ここではフローデザイナーで作成する方法を説明します。

RDBコネクションを作成する

1 ウィンドウ左下の「コネクション」タブをクリックし、コネクションペインを表示する

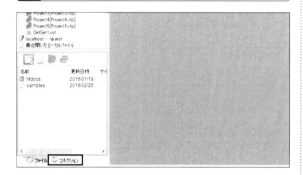

2 「コネクションの作成」アイコンをクリックする

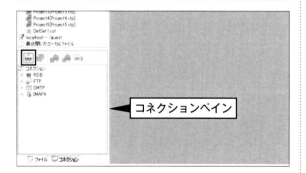

3 「コネクションの作成」ダイアログで、接続種別（「RDB」）とコネクションの名前（任意）を入力し、「OK」をクリックする

4 インスペクタの「データベースタイプ」で接続先のデータベースタイプを選択する

HINT
本書では、データベースの例としてHSQLDB（Javaによるデータベース）を使用して説明しています。ASTERIA WARPをインストールすると、HSQLDBもインストールされます。

CAUTION
HSQLDBはサポート対象のデータベースではありません。テスト用途のみで使用するようにしてください。

HINT
フローサービスから各種データベース（RDB）への接続を行うには、事前にJDBCドライバーが設置されている必要があります。利用するRDBの種類に合ったJDBCドライバーの設置が必要です。

5 URLやユーザー名、パスワードなど、コネクションの設定を行う

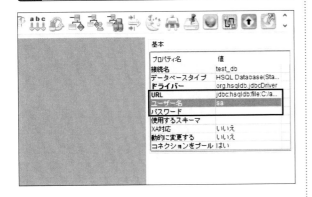

6 コネクションペインのツールバーの「保存」アイコンをクリックする

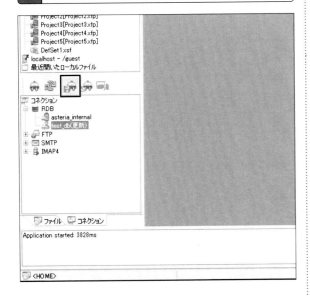

RDBとデータをやり取りするフローを作成する際に、作成したコネクションを選択します。

HINT
コネクションの作成方法

RDBコネクションの作成方法には2種類あります。1つは、ASTERIAのすべてのユーザーが共通で使用できるシステムコネクション、もう1つはユーザー固有のユーザーコネクションです。フローデザイナーで作成するコネクションは、ユーザーコネクションになります。

接続テストを行う

1 コネクションペインのツールバーの「接続テスト」アイコンをクリックする

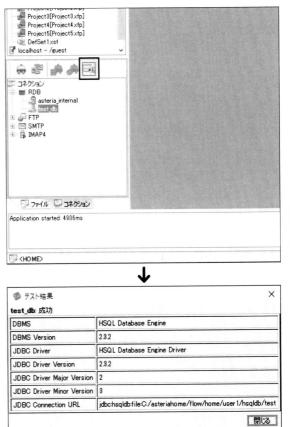

テスト結果が表示されます。「成功」と表示されなかった場合は、エラーの内容を確認し、設定を修正します。

HINT
FSMCでシステムコネクションを作成するには

FSMC（フローサービス管理コンソール）に「/asu」アカウントでログインし、「設定」－「コネクション」－「RDB」の表示画面で「新規」をクリックして、表示される画面に必要な情報を入力します。「コネクションの作成先」には「システム」を選択し、最後に「作成」をクリックして作成します。

RDBデータの取得
データベースから データを読み込むには

RDBからデータを取得するには、RDBGetコンポーネントを使用します。RDBGetコンポーネントは、RDBMSへSQL文を発行し、実行結果をストリームとして出力します。フィールド定義やSQL文の生成には、「SQLビルダー」というツールを使用します。

RDBデータ読み込みのフローを作成する

1 フローウィンドウを表示し、パレットの「データベース」タブをクリックして、RDBGetコンポーネント（「RDBからデータを取得します」）を配置する

3 配置したRDBGetコンポーネントを選択し、インスペクタで「コネクション名」プロパティの値を、作成済みのコネクション名に指定する

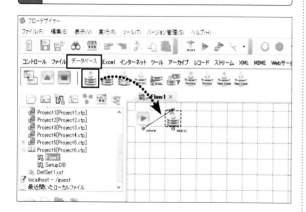

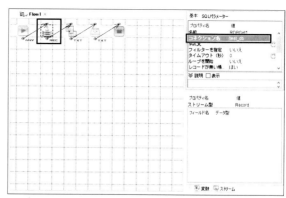

2 処理に合わせてその他のコンポーネントも配置し、接続する

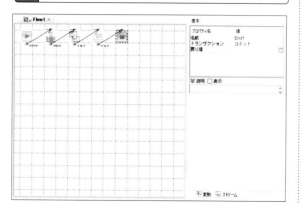

　ここでは、データベースからデータを取得し（RDBGetコンポーネント）、CSV形式に変換して（Mapperコンポーネント）、ファイルとして出力する（FilePutコンポーネント）フローを作成しています。次の手順で、SQLビルダーを使用してフィールド定義やSQL文を設定していきます。

HINT
RDBとの連携に関連するコンポーネントは、パレットの「データベース」タブにまとめられています。

SQLビルダーで設定する

1 RDBGetコンポーネントアイコンをダブルクリックする

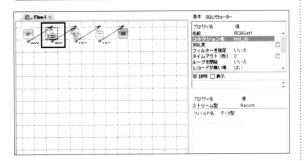

2 SQLビルダーが表示されるので、左欄のテーブル名を中央の欄までドラッグして、テーブルを配置する

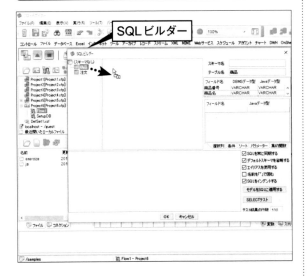

HINT

SQLビルダーは、RDBGetコンポーネントアイコンを右クリックして、表示されるメニューから「SQLビルダー」を選択しても起動できます。SQLビルダーでは、実際にデータベースに接続しながら、テーブル選択や、取得フィールドの設定などを行えます。

SQLビルダーのそれぞれの欄の境界線は、左右または上下にドラッグして、見やすいように幅や高さを変更できます。

3 必要なテーブルをすべて中央の欄に配置する

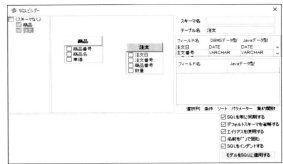

4 テーブル間で「キー」（主キー）とする項目をドラッグして接続する

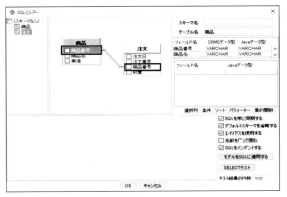

5 取得したい項目にチェックマークを付けると、画面下部にSQL文が自動的に表示される

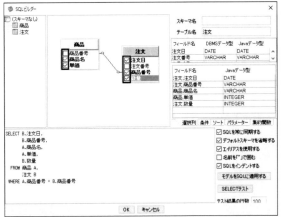

続く

6 「SELECTテスト」をクリックすると、実際の問い合わせ結果が表示される

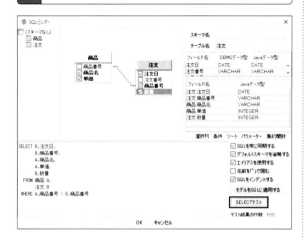

7 「閉じる」をクリックしてテスト結果を閉じ、SQLビルダーも「OK」をクリックして閉じる

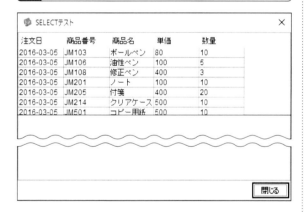

8 フィールド定義の更新を確認するダイアログで「はい」をクリックする

HINT

「SELECTテスト」のテスト結果でフィールド名の順序が違っていても、あとからマッピングの設定で変更できます。

9 RDBGetコンポーネントアイコンを選択し、「ストリーム」ペインでフィールド定義が更新されたことを確認する

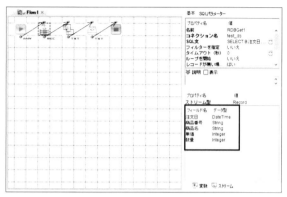

10 インスペクタで、「SQL文」プロパティにSQL文が入力されていることを確認する

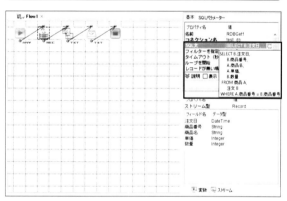

　SQLビルダーで設定した内容が、RDBGetコンポーネントの「SQL文」プロパティに入力されます。

HINT

SQL文を設定するには

SQL文は、SQLビルダーを使用せず、RDBGetコンポーネントの「SQL文」プロパティに直接入力してもかまいません。また、直前にMapperコンポーネントを配置し、「SQL文」プロパティにSQL文の文字列をマッピングして、実行時にSQL文を決定することもできます。

マッピングを設定する

1 Mapperコンポーネントを右クリックし、「入力ストリーム定義を出力にコピーする」を選択する

2 Mapperコンポーネントのストリーム型とフィールド定義を処理に合わせて変更する

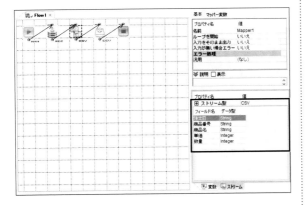

3 Mapperコンポーネントをダブルクリックしてマッピングを指定する

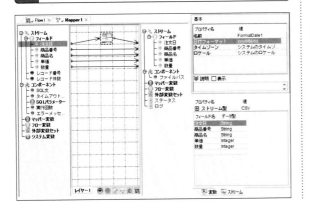

4 出力先がCSVの場合は、Mapperコンポーネントのストリームプロパティで、「出力エンコーディング」や「先頭行のフィールド名を出力」の値を設定する

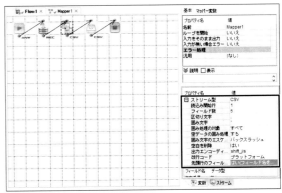

5 出力先のファイルパスを設定する

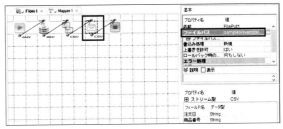

フローを実行すると、SQL文を実行してRDBからデータを取得した結果がファイルとして出力されます。

HINT

ここでは、Mapperコンポーネントのストリーム型を「CSV」に、また「注文日」フィールドのデータを文字列として出力するため、データ型をDateTimeからStringに変更しています。

フィールドの表示順を変更するには

出力するフィールドの表示順を変更するには、対象のフィールドを右クリックし、メニューから「上に移動」または「下に移動」を選択して1つずつ移動させます。

RDBデータの更新

データベースへデータを書き込むには

RDBのテーブルを更新するには、RDBPutコンポーネントを使用します。更新用のデータを、RDBPutコンポーネントのフィールド定義にマッピングして設定します。そのため、RDBPutコンポーネントに接続可能なコンポーネントは、Mapperのみとなります。

XMLデータからデータベースへ書き込む

1 フローウィンドウを表示し、FileGet、Mapperコンポーネントに続き、「データベース」タブからRDBPutコンポーネント(「RDBへデータを挿入、またはデータの更新・削除をします」)を配置する

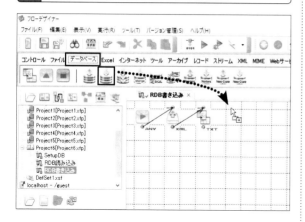

2 「ストリーム定義をRecordに変換します」というダイアログが表示されたら「はい」をクリックして閉じ、その他のコンポーネントも配置、接続する

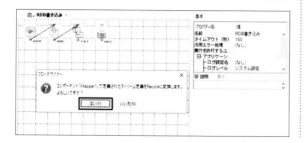

3 FileGetコンポーネントアイコンを選択し、「ファイルパス」プロパティに、書き込み用のデータを含むXMLファイルへのパスを指定する

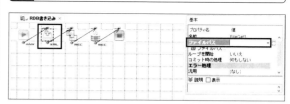

4 「フィールド定義をインポートしますか?」という確認のダイアログが表示されたら、「はい」をクリックし、インポートされたフィールド定義を確認する

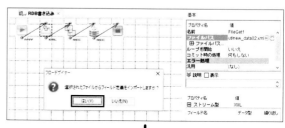

↓

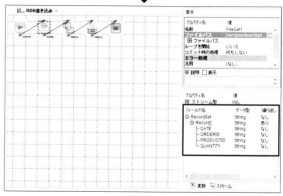

5 RDBPutコンポーネントを選択し、「コネクション名」プロパティで使用するコネクションを指定し、「実行する処理」プロパティが「Insert」であることを確認する

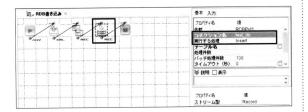

6 RDBPutコンポーネントをダブルクリックする

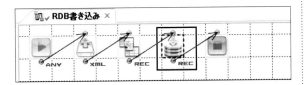

7 SQLビルダーの「テーブルとフィールドの設定」ダイアログが表示されるので、更新対象のテーブルを選択し、項目にチェックマークが付いていることを確認して、「OK」をクリックする

8 RDBPutコンポーネントのインスペクタの「入力」タブに、フィールド名が反映されていることを確認する

9 Mapperコンポーネントのフィールド定義も自動的に設定されていることを確認する

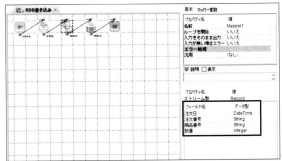

10 データのマッピングを行う

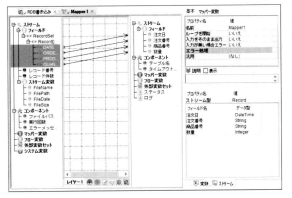

　フローを実行すると、フローの出力結果は何も表示されませんが、データベースにデータが追加されます。

HINT

データの更新を確認するには

データベースへのデータの更新は、RDBGetコンポーネントのSQLビルダーでSELECTテストをすることで確認できます。

CSVファイルからデータベースへ書き込む

1 RDBPutコンポーネントを含むRDBデータ書き込みのフローを作成する

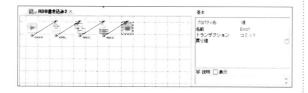

2 FileGetコンポーネントアイコンを選択し、「ファイルパス」プロパティに、書き込み用のデータを含むCSVファイルへのパスを指定する

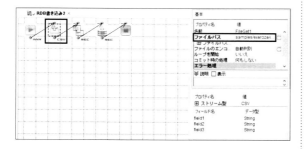

3 読み込むデータに合わせて、FileGetコンポーネントのストリーム定義を設定する

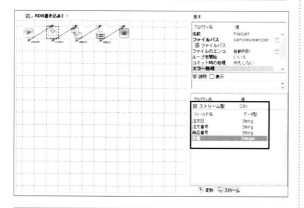

> **HINT**
> 手順3のFileGetコンポーネントのストリーム定義では、ストリーム型と「読み込み開始行」などのストリームプロパティ、およびフィールド定義をデータに合わせて設定します。

4 RDBPutコンポーネントで「コネクション名」プロパティを設定し、「実行する処理」プロパティが「Insert」であることを確認して、ダブルクリックする

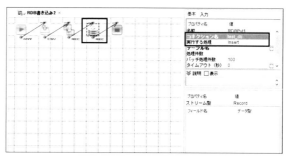

5 SQLビルダーの「テーブルとフィールドの設定」ダイアログが表示されるので、更新対象のテーブルを選択する

6 更新対象のフィールド名にチェックマークが付いていることを確認し、「OK」をクリックする

7 RDBPutコンポーネントのインスペクタの「入力」タブに、フィールド名が反映されていることを確認する

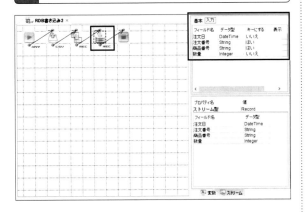

9 データのマッピングを行う

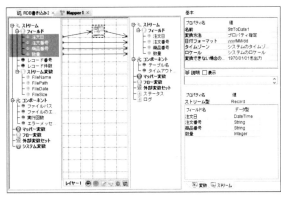

データベースのデータとして読み込むためのマッピングを行います。上の例では、StrToDateマッパー関数を使用して、日付の文字列を日時データに変換するよう設定しています。フローを実行すると、指定したCSVファイルのデータが、データベースに追加されます。

8 Mapperコンポーネントのフィールド定義も自動的に設定されていることを確認する

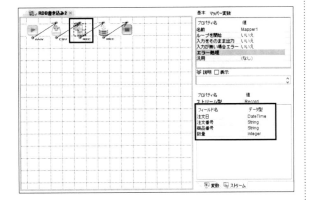

HINT

「実行する処理」プロパティ

RDBPutコンポーネントの「実行する処理」プロパティでは、以下のデータベース更新処理を選択できます。

値	説明
Insert	フィールド定義にあるすべてのフィールドを、テーブルにレコードとして挿入します。通常キー定義は使用しませんが、DBMSがOracleで、かつBLOBまたはCLOB列がフィールドに含まれる場合はキー定義が必要です。
Update	「キーにする」項目で「はい」を指定したフィールドにマッチするレコードを、キー以外のフィールドを用いて更新します。キーとするフィールドを更新することはできません。
Insert/Update	フィールド定義を用いてInsertを実行し、キー違反エラーが発生した場合はUpdateを実行します。PostgreSQLではこのモードは使用できません。
Update/Insert	フィールド定義を用いてUpdateを実行し、更新件数が0件の場合はInsertを実行します。
Delete	「キーにする」項目で「はい」を指定したフィールドにマッチするレコードを削除します。キーにするフィールド以外は使用しません。

キー違反エラーとは、PRIMARY Key制約やUNIQUE Key制約に違反した場合に発生するエラーです。

HINT

「キーにする」項目（キー定義）について

「実行する処理」プロパティが「Insert」の場合は、通常キー定義を必要としませんが、「Insert」以外の場合は、インスペクタの「入力」タブで必ずキー定義を行います。これは、対象レコードを特定するためのキーであり、データベースの主キーとは異なります。「Insert」以外を指定してキー定義を行っていない場合は、コンパイルエラーになります。

SQLCallコンポーネント

任意のSQL文を実行するには

SQLCallコンポーネントを使うと、任意のSQL文やストアドプロシージャを実行できます。SELECT文など結果セットを得ることのできる式の場合は結果レコードが出力ストリームとなり、そうでない場合は、入力ストリームがそのまま出力されます。

テーブル作成のSQL文を設定する

1 フローウィンドウを表示し、「データベース」タブからSQLCallコンポーネント(「SQL文を実行します」)をドラッグして配置する

2 SQLCallコンポーネントのインスペクタの「コネクション名」プロパティでコネクションを指定し、「実行する処理」プロパティで「任意のSQLを実行」が選択されていることを確認する

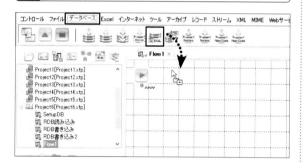

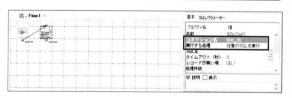

HINT

「実行する処理」プロパティ

SQLCallコンポーネントの「実行する処理」プロパティでは、処理に応じて以下の値から選択します。

- 任意のSQLを実行
- SELECT文を発行
- ストアド実行(結果なし)
- ストアド実行(結果あり)

3 「SQL文」プロパティの値欄に、実行させたい処理のSQL文を入力する

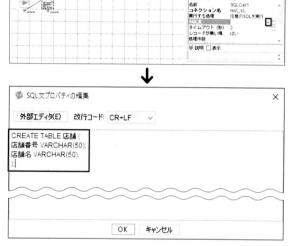

4 その他のコンポーネントも接続し、フローを完成させる

「CREATE TABLE〜;」のSQL文を発行することで、テーブルの作成を設定できます。ただし、同じ名前のテーブルを複数回作成することはできないため、初期化のフローなどで利用する際には、テーブルを削除する「DROP TABLE〜;」を設定したSQLCallコンポーネントなどと組み合わせる必要があります。

HINT

SQLCallコンポーネントで複数のSQL文を記述することはできないため、複数の文で構成されるSQLを記述するときは、複数のSQLCallに分ける必要があります。

RDBDiffコンポーネント

入力レコードとRDBレコードとの差分を処理するには

RDBDiffコンポーネントは、入力されたレコードセットと、RDBのテーブルに存在する全レコードを比較して、差分のあったレコードに差分情報のフィールドを追加して、ストリームに出力します。また、RDBのテーブルに対して更新を行うこともできます。

入力レコードとRDBレコードとの差分を確認する

1 フローウィンドウを表示し、FileGet、Mapperコンポーネントに続き、「データベース」タブからRDBDiffコンポーネント（「入力値とRDBの差分を取得します。」）を配置する

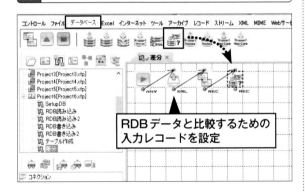

RDBデータと比較するための入力レコードを設定

2 RDBDiffコンポーネントのインスペクタの「コネクション名」プロパティでコネクションを指定し、アイコンをダブルクリックする

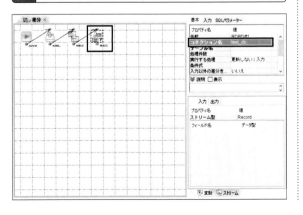

3 「テーブルとフィールドの設定」ダイアログが表示されるので、データを比較する対象のテーブルをクリックし、「OK」をクリックする

処理対象フィールドにチェックマークを付ける

4 「テーブル名」プロパティにテーブル名が設定され、フィールド定義も設定されたことを確認する

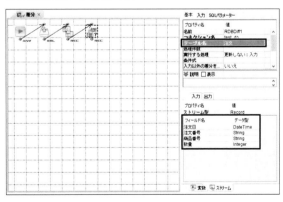

HINT

RDBDiffコンポーネントを配置する際に、ストリーム定義を変換する確認のダイアログが表示されたら「はい」をクリックして閉じます。

続く→

5 Mapperコンポーネントアイコンをダブルクリックし、マッピングウィンドウでデータのマッピングを行う

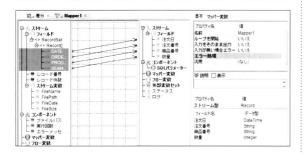

6 その他のコンポーネントも配置し、接続してフローを完成させる

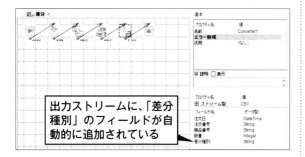

出力ストリームに、「差分種別」のフィールドが自動的に追加されている

　フローを実行すると、入力データが指定したテーブルの全レコードと比較され、差分のあったレコードに「差分種別」フィールドが追加されて出力されます。

HINT

RDBDiffコンポーネントの入力ストリームのフィールド定義は、「テーブルとフィールドの設定」ダイアログで行います。このフィールド定義は、直前に連結したマッパーの出力ストリームのフィールド定義にコピーされ、それに対して値のマッピングを行います。従って、このコンポーネントに連結できるコンポーネントはマッパーのみとなっています。

差分を吸収してデータベースを更新する

1 入力値とRDBの差分を取得するフローを作成し、RDBDiffコンポーネントアイコンを選択して、インスペクタの「実行する処理」プロパティで、「更新する：入力」または「更新する：RDB」のいずれかを選択する

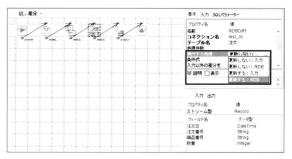

　データベースを更新して入力ストリームのレコードデータを出力する場合は「更新する：入力」、データベースを更新してRDBのレコードデータを出力する場合は「更新する：RDB」を指定します。

HINT

「実行する処理」プロパティ

RDBDiffコンポーネントの「実行する処理」プロパティでは、以下の処理を選択できます。

- 「更新しない：入力」－RDBの更新は行わずに、入力ストリームのレコードデータを出力する
- 「更新しない：RDB」－RDBの更新は行わずに、RDBのレコードデータを出力する
- 「更新する：入力」－入力ストリームのレコードでRDBを更新し、入力のレコードデータを出力する
- 「更新する：RDB」－入力ストリームのレコードでRDBを更新し、RDBのレコードデータを出力する

その他のデータベース関連コンポーネント

パレットの「データベース」タブではほかに、以下のようなコンポーネントも利用できます。

アイコン	コンポーネント名	メニュー名
	FastInsert	RDBへのデータ高速挿入
	RDBMerge	RDBのMerge文実行

DynamicConnection コンポーネント

コネクションを動的に変更するには

DynamicConnection コンポーネントを利用すると、コネクションの定義をフロー実行時に変更できます。最初にコネクションの設定で「動的に変更する」を有効にしてから、DynamicConnection コンポーネントとマッピングの設定で、動的に変更できるようにします。

コネクションの設定を変更する

1 ウィンドウ左下のコネクションペインでコネクションを選択し、インスペクタで「動的に変更する」を「はい」に変更する

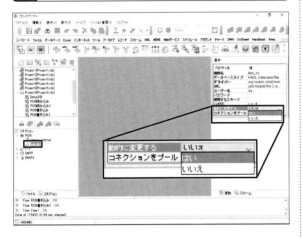

この設定は、FSMCで変更することもできます。RDBの編集画面で「動的に変更する」を「ON」にして保存します。

なお、コネクション設定の変更を有効にするために、フローサービスの再起動が必要な場合もあります。

CAUTION

DynamicConnection コンポーネントでのコネクション定義の変更は、1回のリクエスト実行の中で、1つのコネクションに対し一度だけ実行できます。

動的なコネクション定義を設定する

1 対象のフローで、Mapper コンポーネントに続き、「コントロール」タブのDynamicConnection コンポーネント（「コネクションを設定します」）を配置し、インスペクタの「コネクション種別」と「コネクション」でコネクションを指定する

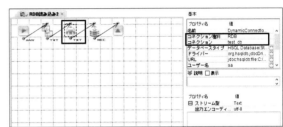

2 直前のMapper コンポーネントをダブルクリックしてマッピングウィンドウを表示し、各設定値をマッピングする

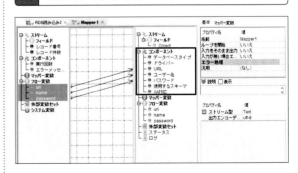

DynamicConnection コンポーネントでコネクション種別とコネクションを指定すると、選択されたコネクションの定義がインスペクタに表示されます。マッピングを設定することで、動的な変更が可能になります。

トランザクション化

フローのトランザクション化を設定するには

フローにおけるトランザクションとは、フローの中でエラーが発生した場合に、各コンポーネントが行った処理に不整合が起きないように制御する概念です。フローのトランザクションは、開始コンポーネントの「トランザクション化」プロパティで設定できます。

「トランザクション化」を有効にする

1 対象のフローを表示し、開始コンポーネントを選択して、インスペクタの「トランザクション化」プロパティを「はい」にする

2 終了コンポーネントを選択し、インスペクタの「トランザクション」プロパティで「コミット」または「ロールバック」を選択する

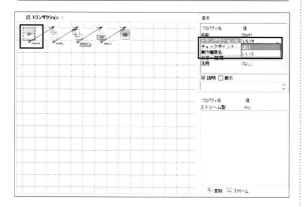

「トランザクション化」を有効にしてループ処理でフローを実行すると、コミットはループの最後に1回だけ実行されるようになります。

HINT
トランザクションを使用するコンポーネント

トランザクションを使用するコンポーネントとしては、以下のようなものがあります。

コンポーネント	コミット処理	ロールバック処理
RDBPut	RDBに対してコミットを発行	RDBに対してロールバックを発行
FileGet	「コミット時の処理」が「ファイルを削除」の場合に、読み込んだファイルを削除	何もしない
FilePut	「書込み処理」が「追加」の場合に、ファイルをクローズ	「ロールバック時の処理」が「ファイルを削除」の場合にファイルを削除・「書込み処理」が「追加」の場合にファイルをクローズ
POP3	「コミット時の処理」が「サーバーからメッセージを削除」の場合に、読み込んだメールを削除	何もしない

HINT
トランザクション化による動作の違い

「トランザクション化」が「いいえ」の場合、コンポーネントが実行され、直後にコミットが実行されて、次のコンポーネントに制御が移ります（ループの場合は、1レコードずつコミットされます）。一方、「トランザクション化」が「はい」の場合には、各コンポーネントが順次（ループの場合は、ループが完了するまで）実行され、フローが正常終了した場合に、終了コンポーネントの「トランザクション」プロパティの設定に従ってコミットまたはロールバックが実行されます。

「テーブル定義書作成」機能

テーブル定義書を作成するには

データベースのテーブル構造や定義内容を、Excelドキュメントで出力できます。Windowsの「スタート」メニューから「ASTERIA WARP - Flow Designer」－「テーブル定義書作成」を選択、または、フローデザイナーの「ツール」メニューから、「テーブル定義書作成」を選択します。

テーブル定義書を作成する

1 フローデザイナーの「ツール」メニューから「テーブル定義書作成」を選択する

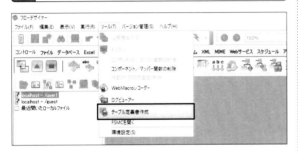

2 「ログイン」ダイアログにログイン情報を指定し「OK」をクリックしてサーバーに接続する

HINT

「ログイン」ダイアログが自動的に表示されない場合は、「テーブル定義書」画面でサーバー名を右クリックし、メニューから「接続」を選択します。

3の「テーブル定義書」画面でコネクション名をダブルクリックして開くこともできます。

3 「テーブル定義書」画面のツリーペインでコネクション名を右クリックし、メニューから「開く」を選択する

4 テーブル一覧が表示されるので、テーブル名をダブルクリック、または右クリックして「詳細を開く」を選択する

5 定義書を出力したいテーブル名にチェックマークを付け、出力先を設定して、「定義書出力」をクリックする

出力したら、「テーブル定義書」画面を閉じます。指定した場所に、Excelファイルとして、テーブル定義書が出力されます。

「レコード」タブ

レコードを処理するには

 RDBから取得したRecord形式のデータや、CSV形式やExcelファイルでの行単位のデータなど、「レコード」を処理するためのコンポーネントは、パレットの「レコード」タブにまとめられています。ソートやジョイン（結合）、絞り込み、集計などを実行できます。

レコードを絞り込む（RecordFilterコンポーネント）

1 対象のフローを表示し、「レコード」タブからRecordFilterコンポーネント（「条件によって入力レコードを絞り込みます」）をドラッグして配置する

2 インスペクタの「条件式」の「…」をクリックし、レコードを絞り込む条件を指定する

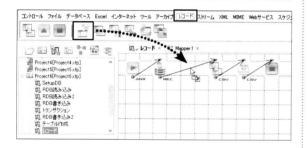

HINT
インデックスで絞り込むには

RecordFilterコンポーネントの「フィルタリングの条件」プロパティで、「条件式」の代わりに「インデックス」を選択すると、「読込み開始行」や「取出す件数」を指定して絞り込むことができます。

3 その他のコンポーネントを接続し、マッピングを設定する

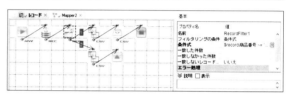

4 RecordFilterコンポーネントの直後のマッパーで「一致した件数」や「一致しなかった件数」をマッピングし、出力できる

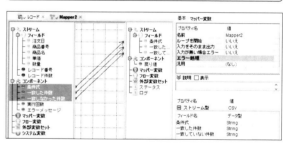

上の例では、商品番号フィールドの値にJM1を含むレコードを絞り込み、一致するレコードはCSVファイルへ出力、条件式と一致した件数、一致しなかった件数は画面に出力するフローを作成しています。

HINT
条件式は、レコード形式を評価するRQLの記述方法で指定します。「~=」は、右辺が文字列の場合に、「を含む」を指定する比較演算子です。

RecordFilterコンポーネントの「一致しないレコードも取り出す」プロパティで、条件に一致しないレコードの出力も指定できます。

レコードのジョインを実行する
（RecordJoinコンポーネント）

1 対象のフローを表示し、「レコード」タブから RecordJoinコンポーネント（「指定したキーで二つのレコードを結合します」）をドラッグして配置する

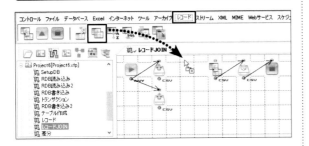

2 それぞれのコンポーネントを接続する

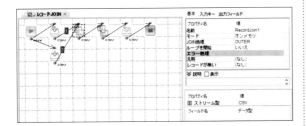

3 RecordJoinコンポーネントを選択し、処理に応じてインスペクタの各プロパティを設定する

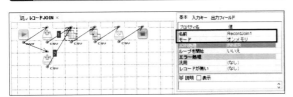

HINT

RecordJoinコンポーネントで「入力キー」プロパティを設定する場合には、事前に入力ストリームを2つ接続しておく必要があります。

RecordJoinコンポーネントの「モード」プロパティで「RDB」を選択した場合は、「コネクション名」プロパティで接続先のコネクションも指定します。

4 インスペクタの「入力キー」タブをクリックし、ジョイン処理で使用される入力キーを設定する

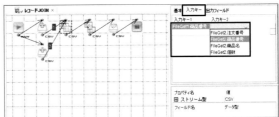

5 RecordJoinコンポーネントアイコンをダブルクリックすると、「出力列の選択」ダイアログが表示されるので、出力対象のフィールド名にチェックマークを付け、「OK」をクリックする

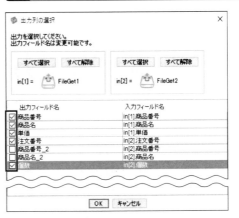

「出力列の選択」ダイアログで出力フィールドを設定することで、出力ストリーム型やフィールド定義も指定できるようになります。必要に応じマッピングなども設定してフローを完成させます。

HINT

手順**4**では、JOINで使用されるキーを指定します。「入力キー1」に入力ストリーム1のキーとなるフィールドを指定し、「入力キー2」に入力ストリーム2のキーとなるフィールドを指定します。この指定により、「入力キー1 = 入力キー2」という条件でレコードのJOINが実行されます。入力キーは複数指定することが可能です。

「出力列の選択」ダイアログで出力フィールドを設定すると、RecordJoinコンポーネントの「出力キー」プロパティに表示されます。

レコードをソートする（RecordSortコンポーネント）

1 対象のフローを表示し、「レコード」タブからRecordSortコンポーネント（「レコードをソートして出力します」）をドラッグして配置する

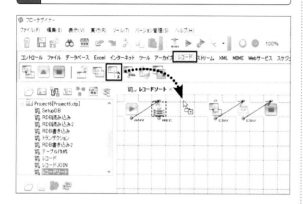

2 各コンポーネントを接続し、RecordSortコンポーネントを選択して、インスペクタの各プロパティを設定する

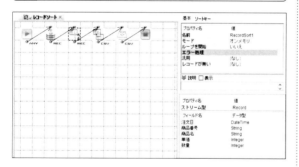

CAUTION
大量のレコードを処理しようとすると実行時にエラーになることがあります。

HINT
RDBデータの読み込み時にソートを指定するには
SQLビルダーを使うと、RDBデータの読み込み時にソートを指定し、ソートを実行した状態で結果ストリームを出力できます。指定するには、SQLビルダーの右欄にある「ソート」タブをクリックし、「フィールド名」の一覧から、ソート対象のフィールドを選択します。

3 インスペクタの「ソートキー」タブをクリックし、「キー名」からソート対象のキーを選択する

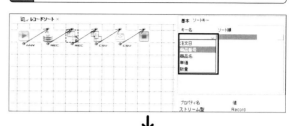

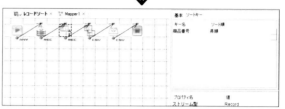

4 必要に応じMapperコンポーネントでストリーム定義やマッピングを設定し、フローを完成させる

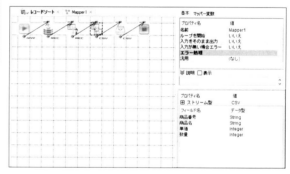

上の例では、RDBの結果ストリームから、「商品番号」をキーとして昇順にソートしたレコードを、CSVファイルとして出力しています。

HINT
「ソートキー」タブで「キー名」にキーを指定すると、「ソート順」に「昇順」が指定されます。降順にしたい場合は「ソート順」で「降順」を選択してください。

設定したソートキーを削除するには、「ソートキー」タブの一覧で行全体が選択された状態で右クリックし、メニューから「削除」を選択します。なお、ソートキーは複数指定できます。

レコードをSQLで加工する（RecordSQLコンポーネント）

1 「レコード」タブからRecordSQLコンポーネント（「レコードを仮想テーブルを使ってSQLで加工します」）を配置し、各コンポーネントと接続する

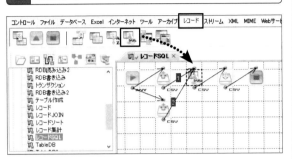

2 RecordSQLコンポーネント「SQL文」プロパティにSQL文を指定し、出力ストリームのストリーム型やフィールド定義を設定する

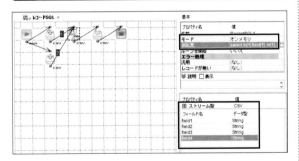

RecordSQLコンポーネントでは、入力ストリームのレコードを複数接続できます。

HINT
SQL文の指定方法
テーブル名は、入力ストリームの接続順に、**in[1], in[2],** …と指定します。また、フィールド名は、入力ストリームで定義されているFieldの順に、**field[1], field[2],** …と指定します。たとえば、1番目の入力ストリームの1番目のFieldと、2番目の入力ストリームの1番目のFieldをキーにinner joinを行う場合は、「**select in[1].field[1], in[1].field[2], in[1].field[3], in[2].field[2] from in[1] inner join in[2] on in[1].field[1] = in[2].field[1]**」のように指定します。

レコードの行と列を入れ替える（RecordTransposeコンポーネント）

1 ファイル入出力のフローを作成し、「レコード」タブからRecordTransposeコンポーネント（「レコードの行と列を入れ替えます」）をドラッグして配置する

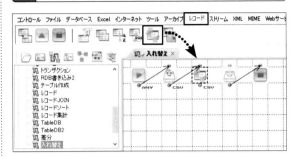

2 各コンポーネントを接続し、RecordTransposeコンポーネントを選択して出力ストリームのストリーム定義を設定する

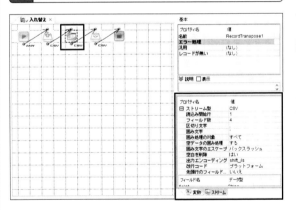

入出力のファイルを指定し、ストリーム定義を設定することで、行と列を入れ替えたファイルを出力できます。

CAUTION
対象のデータによっては出力ストリームのフィールド定義でデータ型をすべてString型にする必要があります。

レコードの値を集計する
（RecordAggregateコンポーネント）

1 対象のフローを表示し、「レコード」タブから RecordAggregateコンポーネント（「レコードを集計します」）をドラッグして配置する

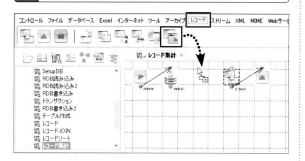

2 各コンポーネントを接続し、RecordAggregateコンポーネントを選択して、「キー項目」タブで「キーフィールド名」を指定する

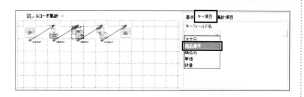

3 「集計項目」タブで、「出力フィールド名」の値欄をクリックし、出力フィールド名としたい文字列を入力する

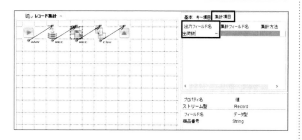

HINT
指定可能な集計方法

RecordAggregateコンポーネントでは、合計、平均、最大値、最小値、個数、個数（重複を除く）の各集計方法を指定できます。

4 「集計フィールド名」の一覧から集計対象のフィールドを選択し、「集計方法」の一覧から集計方法を選択する

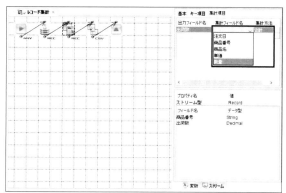

5 マッピングウィンドウで出力ストリームのマッピングやストリーム定義を設定する

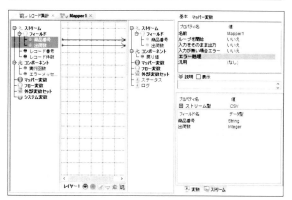

「キー項目」プロパティで指定したキーフィールドごとに、「集計項目」で指定したフィールドが集計され、出力されます。

TableDB関数

マッパーでRDBから
データを得るには

TableDB関数は、マッピング時に使用できるマッパー関数で、SQL文を実行し、データベースのテーブルから指定のキーで検索を行って、その結果を値として得ることができます。マッピングウィンドウ内にコンポーネントを配置し、SQL文を設定します。

TableDB関数でデータベースを検索する

1 Mapperコンポーネントを含むフローを作成し、入出力のファイルパスやストリーム定義を設定する

2 マッピングウィンドウを表示し、パレットの「変換」タブからTableDB関数(「RDBのテーブルを使って、キーから値に変換」)を配置する

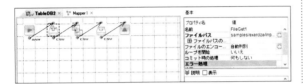

3 TableDB関数コンポーネントが選択されている状態で、インスペクタの「コネクション名」プロパティで接続先のコネクションを選択する

4 TableDB関数コンポーネントアイコンをダブルクリックすると、SQLビルダーが表示されるので、テーブルを選択し、取得したいフィールドを指定して、「OK」をクリックする

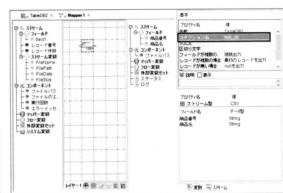

HINT

ここでは、Mapperコンポーネントへの入力ストリームとして、FileGetコンポーネントを配置し、「商品番号」のフィールドに4行の商品番号を含むCSVファイルを指定しています。

続く→

129

5 SQL文を修正するため、インスペクタの「SQL文」プロパティの値欄で「…」をクリックする

7 SQL文の設定内容によって、コネクタの数が変更されるので、それに合わせてマッピングを設定する

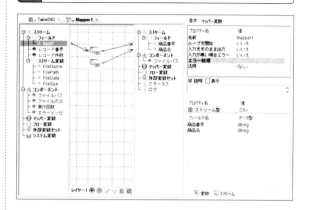

6 「SQL文プロパティの編集」ダイアログで、マッピングの内容に合わせてSQL文を編集する

```
SELECT 商品番号,
  商品名
FROM 商品
WHERE 商品番号=?
```

フローを実行すると、指定したフィールドの値によってデータベースが検索され、該当するデータが取り出されます。上の例では、「商品」テーブルから、指定した商品番号を持つデータの商品番号と商品名が検索され、出力されます。

HINT

TableDB関数でのSQL文の設定

SQLを手動で編集する場合は、JavaのPreparedStatementで使用できる「?」を使ってキーを指定します。たとえば、「select field2 from tablename where field1=?」とSQL文に指定した場合は、TableDBへの入力が?の部分に置き換わり検索条件が指定されます。キーが2つ以上ある場合は「select field2 from tablename where field1=? and field3=?」のように指定します。この場合TableDBへの入力は2つ必要になり、それぞれが?の部分に置き換わります。

CAUTION

TableDB関数では、SQLビルダーで定義したパラメーター名、順序、データ型は使用されないので注意してください。特に、データ型に関しては、SQLビルダーで「SELECTテスト」を行うときは定義したパラメーターのデータ型が使用されますが、フローで実行するときは、実行時にパラメーターに入力されたデータのデータ型が使用されます。

第7章

メールとFTP

- 132 メールを送信するには
- 134 メールにファイルを添付するには
- 136 メールの受信を設定するには
- 137 メールの受信時にフローを起動するには
- 140 FTPを利用するには
- 143 フローサービスでFTPを利用するには
- 145 FTPの受信時にフローを起動するには

SMTPコネクション / SimpleMailコンポーネント

メールを送信するには

メール送信のフローには、SimpleMailコンポーネントを利用します。事前にSMTPコネクションを作成しておき、SimpleMailコンポーネントの「コネクション名」プロパティでそのコネクションを指定します。メール本文は、ストリームまたはプロパティで指定します。

SMTPコネクションを作成する

1 サーバーに接続し、ウィンドウ左下のコネクションペインで「コネクションの作成」アイコンをクリックする

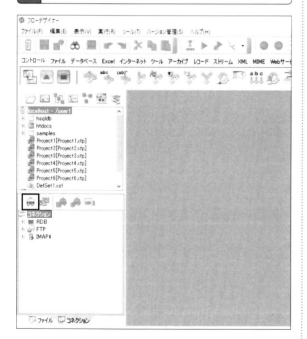

2 「コネクションの作成」ダイアログで「接続種別」に「SMTP」を指定し、「名前」欄にコネクションの名前（任意）を入力して、「OK」をクリックする

3 インスペクタの各プロパティ欄で、接続先のSMTPサーバーに合わせて必要な情報を設定する

　必要な情報をすべて設定したら、コネクションペインのツールバーで「保存」アイコンをクリックして設定を保存し、次に「接続テスト」アイコンをクリックして、正しく接続できることを確認します。

HINT

SMTPコネクションのプロパティでは、SMTPサーバーのホスト名やポート番号、ユーザー名とパスワード、その他の認証情報などを設定します。

FSMCでSMTPコネクションを作成するには

SMTPコネクションは、FSMC（フローサービス管理コンソール）を使って作成することもできます。FSMCにログインし、「設定」－「コネクション」－「SMTP」の表示画面で「新規」をクリックして、表示される画面に必要な情報を入力します。最後に「作成」をクリックして終了します。同様にして、メール受信用のPOP3、IMAP4の各コネクションも作成できます。

メール送信のフローを作成する

1 対象のフローを表示し、「インターネット」タブから、SimpleMailコンポーネント（「メールを送信します」）を配置する

3 「差出人」、「宛先」にそれぞれのメールアドレスを入力し、「件名」にメールの件名を入力する

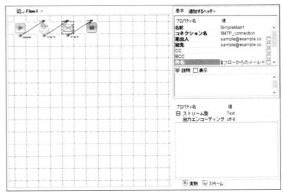

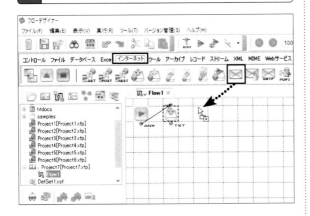

2 各コンポーネントを接続し、SimpleMailコンポーネントを選択して、「コネクション名」プロパティで作成済みのSTMPコネクションを選択する

上の例では、FileGetコンポーネントを使用して、メール本文を含むテキストファイルをSimpleMailコンポーネントの入力ストリームとしているため、フローを実行すると、そのファイル内容をメール本文としたメールが指定した情報に基づいて送信されます。

HINT

フロー内でメール本文を入力するには

SimpleMailコンポーネントの「入力ストリームを本文とする」プロパティを「いいえ」に指定します。「本文」プロパティが追加されるので、値欄にメール本文を直接入力するか、直前にMapperコンポーネントを接続するなどして設定します。また、ストリーム型も正しく設定されている必要があります。

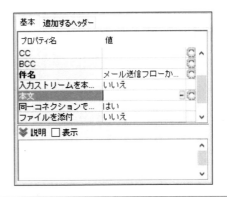

HINT

メールアドレスの指定

「差出人」や「宛先」プロパティには、実際の差出人や宛先のメールアドレスを指定します（必要に応じて、「CC」や「BCC」のメールアドレスも指定します）。表示名も一緒に渡したい場合は、「"John Smith" <jsmith@infoteria.co.jp>」のように設定します。表示名に日本語や空白を含む場合は必ず「"」で囲む必要があります。複数のメールアドレスを記述する場合は、「;」または「,」をセパレータとして使用してください。

添付ファイル付きメールの送信

メールにファイルを添付するには

メールにファイルを添付して送信するには、メール送信のフローを作成し、SimpleMailコンポーネントの「ファイルを添付」プロパティを「はい」に設定します。コンポーネントのアイコンに、添付ファイル用の入力コネクタが表示され、ファイルを指定できます。

送信メールにファイルを添付するよう指定する

1 SimpleMailコンポーネントを含むメール送信のフローを作成し、SimpleMailコンポーネントの「ファイルを添付」プロパティを「はい」に変更する

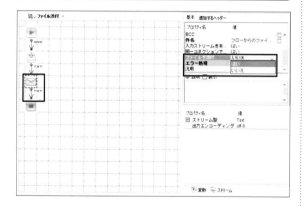

2 SimpleMailコンポーネントアイコンの入力コネクタが増えるので、添付ファイルのためのコンポーネントを接続し、情報を設定する

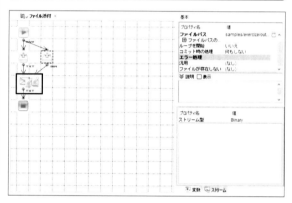

　上の例では、SimpleMailコンポーネントに、添付ファイル用のFileGetコンポーネントを接続し、「ファイルパス」プロパティで添付ファイルへのパスを指定して、ストリーム型を「Binary」に変更しています。

HINT

SimpleMailコンポーネントの「ファイルを添付」プロパティを「はい」に設定した場合、右側のコネクタへの入力ストリームの内容は、メールの添付ファイルとして処理されます。入力ストリームの形式が「MIME」の場合は「multipart/mixed」の「Content-Type」として添付ファイルを扱います。その他の形式では、それぞれを添付ファイルとして扱います。

HINT

複数のファイルを添付するには

SimpleMailコンポーネントアイコンの右側のコネクタに複数のストリームを接続することで、複数のファイルを添付できます。

フローで作成したファイルを送信する

1 フローで作成したPDFファイルをメールに添付するために、SimpleMailコンポーネントを接続し、「ファイルを添付」プロパティを「はい」に設定する

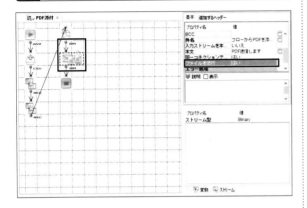

2 添付ファイル名を指定するため、直前にMapperコンポーネントを接続し、「入力をそのまま出力」プロパティを「はい」に設定する

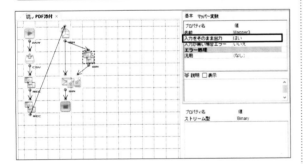

HINT
添付ファイル名の設定
SimpleMailコンポーネントの入力ストリームに「FilePath」のストリーム変数がある場合、その値は「Content-Type」内のFilename属性に添付ファイル名として設定されます。それ以外の場合は、SimpleMailコンポーネント内でファイル名が自動的に生成されます。入力ストリームに「MIMEType」のストリーム変数がある場合、その値は「Content-Type」として設定されます。それ以外の場合、「Content-Type」はストリーム型に応じて自動的に決定されます。

3 マッパーの「マッパー変数」タブに「FilePath」という名前のマッパー変数を定義し、「ストリーム変数」を「はい」とする

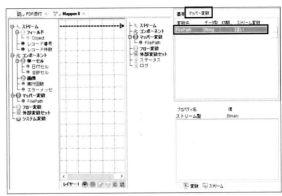

4 マッパー変数の「FilePath」変数へ、添付ファイル名の文字列を設定する

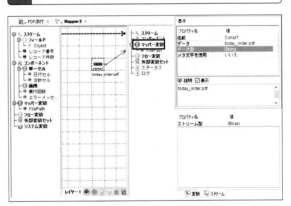

「FilePath」という名前のマッパー変数を作成し、ストリーム変数として定義することで、添付ファイル名の文字列をマッピングできるようになります。

HINT
手順**1**では、SimpleMailコンポーネントの「入力ストリームを本文とする」プロパティは「いいえ」に設定しています。「いいえ」の場合、「入力1」(左側のコネクタ)の入力ストリームは無視されます。

POP3/IMAP4

メールの受信を設定するには

メールの受信を設定するには、まずそのためのコネクションを作成する必要があります。接続先の受信サーバーがPOP3の場合は「POP3」コネクション、IMAP4の場合は「IMAP4」コネクションを作成します。メール受信用のコンポーネントも用意されています。

メール受信の設定をする

1 コネクションペインで「POP3」または「IMAP4」のコネクションを作成し、サーバーのホスト名、ポート番号、ユーザー名とパスワードなどを設定する

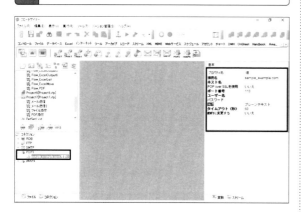

必要な情報をすべて設定したら、コネクションペインのツールバーで「保存」アイコンをクリックして設定を保存し、次に「接続テスト」アイコンをクリックして、正しく接続できることを確認します。

HINT

コネクションペインのツールバーで「コネクションの作成」アイコンをクリックし、表示される「コネクションの作成」ダイアログの「接続種別」から、「POP3」または「IMAP4」を選択します。POP3とIMAP4は、接続先のメールサーバーに合わせます。

IMAP4サーバーのメールを受信する場合は、「インターネット」タブのIMAP4コンポーネント（「IMAPサーバーからメールを受信します」）を利用して受信設定します。

POP3サーバーのメールを取得する

1 フローを作成し、「インターネット」タブからPOP3コンポーネント（「POP3サーバーからメールを受信します」）を配置し、接続する

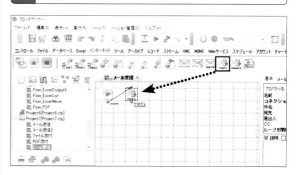

2 POP3コンポーネントの「コネクション名」プロパティで、作成済みのPOP3コネクションを選択し、ストリーム型で「Text」または「MIME」を選択する

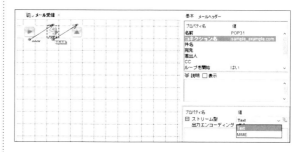

出力ストリーム型にMIMEを指定した場合はメールヘッダーを含むメッセージ全体が出力され、Textを指定した場合はメッセージの最初のテキスト部分が出力されます。

メール監視起動のフロー

メールの受信時に
フローを起動するには

POP3メールサーバーを定期的に監視し、特定のアカウントでメールを受信したときに、フローが自動で起動するように設定できます。ここではまず、「メール本文を処理するフロー」と「添付ファイルを処理するフロー」の2つのフローを用意し、次にメールの起動を設定します。

メール本文の処理フローを作成する

1 新しいフローの作成時に、「フローの作成」ダイアログで「フロー」タブの「メール本文処理」を選択して作成する

2 FilePutなどに加え終了コンポーネントを接続し、フローを完成させる

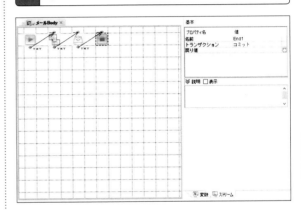

3 マッピングを設定し、各変数の値とメール本文がテキストファイルに保存されるよう設定する

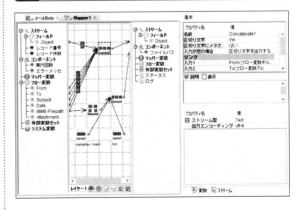

HINT

メール起動の場合、「本文処理フロー」と「添付ファイル処理フロー」、必要に応じて「エラー処理フロー」の各フローを用意します。これらのフローはすべて、StartコンポーネントでEndコンポーネントで終了するように作成します。

「メール本文処理」のフローテンプレートでは、出力ストリーム型がTextのStartコンポーネントがあらかじめ配置され、From、To、Subject、Date、MIME-Filepath、Attachment-Countの各フロー変数が設定済みの状態でフローが作成されます。

「メール本文を処理するフロー」では、メールを受信したときに本文をテキストファイルへ取り出すよう設定します。

137

添付ファイル処理フローを作成する

1 新しいフローの作成時に、「フローの作成」ダイアログで「フロー」タブの「メール添付ファイル処理」を選択して作成する

2 添付ファイルの処理に合わせて各コンポーネントを接続する

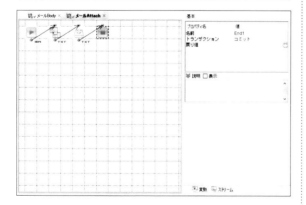

3 Mapperコンポーネントの「入力をそのまま出力」プロパティを「はい」に設定する

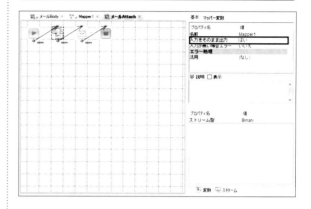

4 マッピングウィンドウを表示し、フロー変数の「Attachment-Filename」を「ファイルパス」プロパティへマッピングする

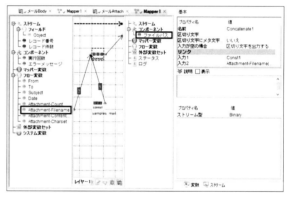

「添付ファイルを処理するフロー」では、メールに添付ファイルがある場合、添付ファイルを取り出して同じ名前で保存するよう設定します。

HINT

メール本文処理フローのマッピングでは、From、To、Subject、Date、MIME-Filepath、Attachment-Countの各変数の値と本文（Object）を改行で連結して出力ストリームとし、またMIME-Filepath変数からファイル名を取り出して、フォルダー名と、拡張子「.txt」を前後に付けて出力ファイルパスへマッピングしています。

HINT

フローの作成時に「フロー」タブの「メール添付ファイル処理」を選択すると、添付ファイルのファイル名を値に持つ「Attachment-Filename」フロー変数が自動的に設定されます。この値と、Const関数を用いて指定したフォルダーを含めたファイルパスを出力ファイルのパスとしてマッピング指定することで、添付ファイルを名前とともに出力できます。

メール監視の実行設定を定義する

1 メール本文の処理フローを右クリックし、表示されるメニューから「実行設定」−「メール監視」を選択する

3 「接続名」で監視対象のPOP3コネクションを選択し、「監視間隔」を設定して、「登録」をクリックする

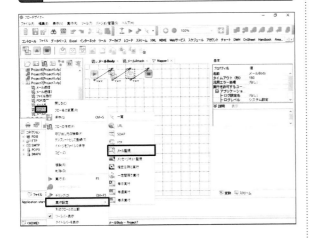

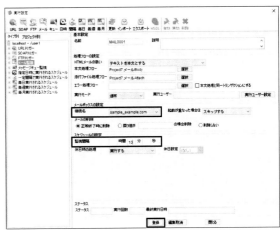

登録したら、「閉じる」をクリックして「実行設定」ダイアログを閉じます。以降、指定した間隔で、メールの監視（ポーリング）が実行されるようになります。

2 「実行設定」ダイアログが表示されるので、「本文処理フロー」と「添付ファイル処理フロー」をそれぞれ設定する

HINT

実行設定により、フローとPOP3サーバーを監視する時間間隔を関連付けます。POP3サーバーのコネクションは、あらかじめ定義しておく必要があります。

メール監視の実行設定では、メールに添付ファイルがない場合、「本文処理フロー」のみ実行されます。メールに添付ファイルがある場合、「本文処理フロー」が終了したあとに「添付ファイル処理フロー」が起動します。複数の添付ファイルがある場合は、1つの添付ファイルごとに「添付ファイル処理フロー」が起動します。「本文処理フロー」または「添付ファイル処理フロー」でエラーが発生した場合、設定されていれば「エラー処理フロー」が起動します。

実行設定の定義を変更するには

「フローデザイナー」ウィンドウの「実行」メニューから「実行設定」−「一覧」を選択し、表示される「実行設定」ダイアログの左側の一覧で対象の実行設定を選択することで、変更できます。一時的に無効にするには、ツールバーの「無効」ボタンをクリックします。

HINT

「実行設定」ダイアログは、フローデザイナーウィンドウの「実行」メニューから「実行設定」−「メール監視」を選択して表示することもできます。

FTPクライアントとしての利用

FTPを利用するには

フローサービスでは、FTPサーバーに接続して機能を利用する「FTPクライアント」のためのコンポーネントも複数用意されており、手軽に使用できます。サーバー上のファイル一覧を取得したり、ファイルのダウンロードやアップロードといったことが可能になります。

FTPサーバーのファイル一覧を取得する

1 フローを表示し、「インターネット」タブのFTPFileListコンポーネント（「FTPサーバー上のファイル一覧を取得します」）をドラッグして配置する

2 FTPFileListコンポーネントの「コネクション名」プロパティに、作成済みのFTPコネクションを指定する

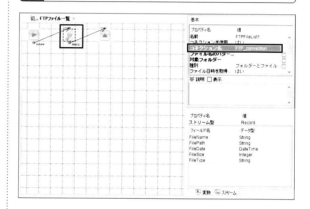

その他のコンポーネントも配置してフローを実行すると、指定したコネクションで接続したFTPサーバー上のファイル一覧が出力されます。

HINT
FTPクライアントとして利用するには
あらかじめFTPコネクションを作成しておく必要があります。コネクションペインで「FTP」のコネクションを作成し、サーバーのホスト名、ポート番号、ユーザー名とパスワードなどを設定します。終了したら設定を保存し、接続テストを実行して確認します。なお、FTPコネクションは、FSMC（フローサービス管理コンソール）の「設定」－「コネクション」－「FTP」－「新規」から作成することもできます。

HINT
FTPFileListコンポーネントは、FTPサーバーから、条件に一致したファイル名のリストを取得します。

FTPFileListコンポーネントの「ファイル名のパターン」プロパティでは、「*」（0個以上の任意の文字）と「?」（任意の1文字）の2つのワイルドカードを使用してファイルの種類を絞り込むこともできます（空の場合は絞り込みは行われません）。このコンポーネントでは「**」は使用できません。

FTPでファイルをダウンロードする

1 フローを表示し、「インターネット」タブのFTPDownloadコンポーネント（「FTPサーバー上のファイル・フォルダーをダウンロードします」）をドラッグして配置する

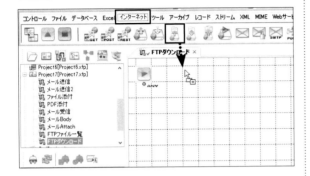

2 FTPDownloadコンポーネントの「コネクション名」プロパティに、作成済みのFTPコネクションを指定する

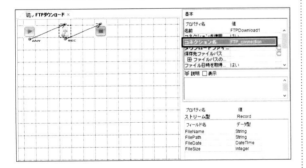

HINT

FTPダウンロード用のコンポーネント

FTPでファイルをダウンロードする場合、以下の2つのコンポーネントのいずれかを利用できます。FTPDownloadコンポーネントでは、ダウンロードしたファイルを直接ファイルに保存するため、FTPGetコンポーネントよりもメモリの使用量が少なくて済みます。

アイコン	コンポーネント名	メニュー名
	FTPGet	FTPサーバー上のファイルを読み込みます
	FTPDownload	FTPサーバー上のファイル・フォルダーをダウンロードします

3 「ダウンロードファイルパス」および「保存先ファイルパス」をそれぞれ指定する

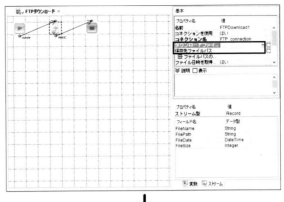

↓

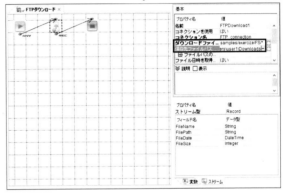

「ダウンロードファイルパス」プロパティの設定により、フォルダーやファイルの指定もできます。また、「保存先ファイルパス」プロパティには、ダウンロードしたファイルを保存するファイルまたはフォルダーのパスを指定します。

フローを実行すると、指定したFTPサーバーへの接続が行われ、対象のファイルまたはフォルダーが、保存先として指定した場所にダウンロードされます。

HINT

「ダウンロードファイルパス」プロパティでは、「*」（0個以上の任意の文字）と「?」（任意の1文字）の2つのワイルドカードを使用できます。ワイルドカードが指定された場合は、保存先ファイルパスの指定はフォルダー名として解釈されます。また、フォルダーが指定された場合は、そのフォルダー内のすべてのファイル、フォルダーがダウンロードされます。なお、絶対パスでの指定はできません。

FTPでファイルをアップロードする

1 フローを表示し、「インターネット」タブのFTPUploadコンポーネント(「FTPサーバーにファイル・フォルダーをアップロードします」)をドラッグして配置する

2 FTPUploadコンポーネントの「コネクション名」プロパティに、作成済みのFTPコネクションを指定する

3 「アップロードファイルパス」に、アップロード対象のフォルダーやファイルのパスを指定する

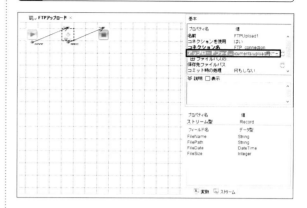

4 「保存先ファイルパス」に、アップロード先サーバーでのフォルダーパスまたはファイルパスを相対パスで指定する

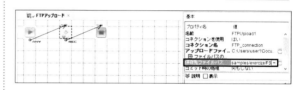

　「アップロードファイルパス」プロパティでは、「**」と「*」と「?」の3つのワイルドカードを使用できます。また、フォルダーを指定した場合は、そのフォルダー内のすべてのファイル、フォルダーがアップロードされます。なお、「保存先ファイルパス」では絶対パスでの指定はできません。

HINT

FTPアップロード用のコンポーネント

FTPサーバーへファイルをアップロードする場合、以下の2つのコンポーネントのいずれかを利用できます。FTPUploadコンポーネントでは、ファイルを直接アップロードするため、FTPPutコンポーネントよりもメモリの使用量が少なくて済みます。

アイコン	コンポーネント名	メニュー名
	FTPPut	FTPサーバーにデータを送信します
	FTPUpload	FTPサーバーにファイル・フォルダーをアップロードします

HINT

FTPScriptコンポーネント

フローサービスで用意されているFTP関連コンポーネントとして、FTPScriptコンポーネント(「FTPスクリプトを実行します」)もあります。パレットの「インターネット」タブから利用できます。FTPScriptコンポーネントでは、指定したスクリプトファイルに記述されているFTPコマンドを、FTPサーバーに接続して順次実行します。フォルダーの作成や削除、ファイルのアップロードや削除といった操作をコマンドを使って実行できます。

FTPScriptコンポーネント

FTPサービスの設定と利用

フローサービスでFTPを利用するには

ASTERIA WARPは、前記のようにFTPクライアントとして利用できますが、FTPサーバーの機能も備えており、FTPユーザーのファイル転送にも活用できます。ここでは、フローサービスでFTPサービスを利用するための、サービスの起動と設定について説明します。

FTPサービスを起動する

1 FSMC（フローサービス管理コンソール）に管理者としてログインし、「ツール」-「サービス」を選択する

2 「FtpService」を選択し、「起動」をクリックする

HINT

他のFTPサーバーが実行している場合、ポートが使用されていて、FTPサービスを起動できません（使用中のFTPサービスは、FSMCの「設定」-「サービス」-「FTP」で確認できます）。その場合は、他のFTPサーバーを終了してから再度起動を行ってください。

サービスプロセスの確認

FSMC（フローサービス管理コンソール）の「ツール」-「サービス」画面には、インストールされているサービスプロセスが一覧として表示され、サーバー上で動作している各サービスの状態を確認できます。サービス名の左側の丸いアイコンが緑色なら実行中、灰色なら停止中です。一覧でサービスプロセスを選択すると、右側にプロセスの詳細情報が表示され、サービスの停止または起動、ガベージコレクションの操作も実行できます。

HINT

フローサービスのFTPサービスについて

フローサービスのFTPサービスは、初期状態では停止しているため、利用するにはサービスを起動する必要があります。実行中のFTPサービスの設定情報は、FSMCの「設定」-「サービス」-「FTP」の「FTPサービス設定」画面で確認・編集できます。

3 ブラウザの「最新の状態に更新」をクリックする

4 自動起動をONにするため、ボタンをクリックする

FtpServiceを起動することで、設定したユーザーがフローサービスのFTPサービスを利用できるようになります。「自動起動」を「ON」に設定しておくと、フローサービスの起動時にFtpServiceも自動的に起動します。

HINT

画面の再表示を促すダイアログが表示されたら「OK」をクリックして閉じてください。

FTPサービスのユーザーを設定するには

FSMCの「ツール」－「アカウント」からユーザー名を選択して、ユーザー情報画面を表示します。ここで「FTP設定」の「FTPユーザーとして使用」を「有効」とすることで、FTPのログインユーザーとして使用できるようになります。また、このユーザーにファイルのアップロード権限を付ける場合は、「アップロードを許可」も「有効」にします。

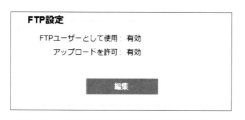

FTP起動のフロー

FTPの受信時にフローを起動するには

ASTERIA WARPのFTPサーバー機能では、FTPクライアントからFTPサービスの指定のフォルダー（初期状態ではユーザーのホームフォルダー）にファイルがアップロードされたタイミングで、フローを起動し、処理を実行させることができます。

FTP起動用のフローを作成する

1 新しいフローの作成時に、「フローの作成」ダイアログで「フロー」タブの「Ftpフロー」を選択して作成する

2 設定済みのフローウィンドウが表示されるので、処理に必要なコンポーネントを配置し、接続する

3 終了コンポーネントを接続してフローを完成させる

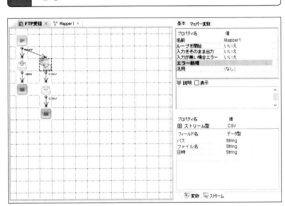

上の例では追加のフローとして、アップロードされたファイルパスとファイル名、アップロード（フロー実行）の日時をファイルへ出力する処理を、MapperコンポーネントとFilePutコンポーネントを使って作成しています。実際のフローは、アップロードのタイミングで実行されるよう、次ページの手順で実行設定を定義します。

HINT

「フローの作成」ダイアログで「フロー」タブの「Ftpフロー」を選択してフローを作成すると、プロパティが設定済みのFileGetコンポーネントが配置されます。FileGetコンポーネントは、FTPクライアントからアップロードされたファイルを取得できるように設定されていますが、処理の内容によって不要な場合は削除してもかまいません。

chap7 メールとFTP

FTPの実行設定を定義する

1 対象のフローをフロー一覧で選択し、「実行」メニューの「実行設定」－「FTP」を選択する

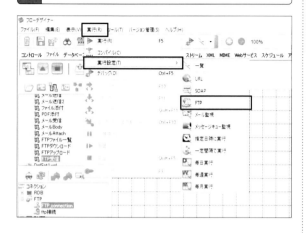

2 「実行設定」ダイアログが表示されるので、FTPのアップロードを監視するフォルダーを指定し、登録する

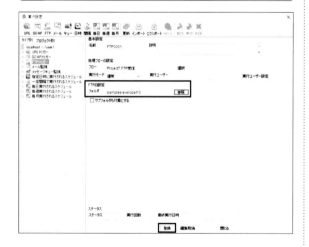

3 「閉じる」をクリックして「実行設定」ダイアログを閉じる

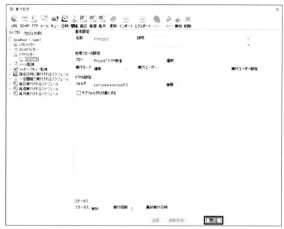

　FTPクライアントによってサーバーにファイルがアップロードされた時点でフローが動作し、設定に基づいて処理が実行されます。

HINT

FTPサービスに接続するアカウントについて

フローサービスのアカウントは、初期状態ではFTPサービスを使用しない設定になっているため、前述したように、FSMCの「ツール」－「アカウント」から、FTPユーザーとして使用できるように設定を変更する必要があります。アカウントがFTPサービスを使用しない設定の場合、「実行設定」ダイアログボックスに「ユーザーがFTPを使用する設定になっていません」というメッセージが表示されます。

フローサービスのFTPに接続した場合、ログイン直後のホームフォルダーは、ユーザーのホームフォルダーになります。

作成した実行設定を削除するには

「実行」メニューの「実行設定」－「一覧」を選択して「実行設定」ダイアログを表示し、左側の「タイプ別」タブをクリックして「FTPトリガー」の一覧から対象の実行設定を選択します。ダイアログ上部のツールバーにある「削除」アイコンをクリックすると、確認のダイアログが表示されるので、削除する場合は「はい」をクリックして削除します。

HINT

対象のフローを変更するには

「実行設定」ダイアログの「処理フローの設定」の欄に表示されているフローを変更する場合は、「選択」をクリックし、表示される「フローの選択」の一覧から、対象のプロジェクトとフローを選択して「OK」をクリックします。

第8章

フローの実行とデバッグ

- 148 ブラウザから実行できるようにするには
- 150 URLリダイレクションで実行するには
- 152 フローをスケジュール登録して実行するには
- 154 フローからスケジュールを設定するには
- 156 フローを一定時間停止するには
- 157 フローを排他制御するには
- 158 フローの中でJavaコードを実行するには
- 160 フローの中で外部プログラムを実行するには
- 161 フローをステップ実行するには
- 164 ログ出力を設定するには
- 166 ログを表示するには

HttpStart／HttpEnd／HTTP起動のフロー

ブラウザから実行できるようにするには

Webブラウザから呼び出すなど、HTTPからのリクエストで実行するフローの開始コンポーネントにはHttpStart、終了コンポーネントにはHttpEndが用意されています。これらを用いてフローを作成し、実行設定を定義することで、フローをブラウザから実行できます。

HTTP起動のフローを作成する

1 HttpStartコンポーネントで始まるフローを作成する

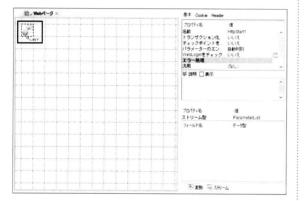

2 処理に必要なコンポーネントを配置し、終了コンポーネントとして、「コントロール」タブのHttpEndコンポーネント（「HTTPのレスポンスを返してフローを終了します」）を配置する

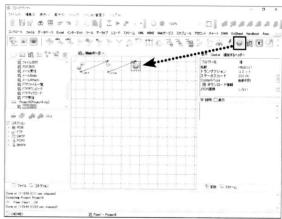

上の例では、HttpStart、HttpEndコンポーネントとFileGetコンポーネントで、静的HTMLページを表示するフローを設定しています。実際にHTMLページをブラウザから表示できるようにするには、次ページの実行設定でフローを登録する必要があります。

HINT

HttpStartコンポーネントを配置するには、通常のStartコンポーネントを右クリックし、「開始コンポーネントの置き換え」メニューから選択します。または、新しい「フローの作成」ダイアログの「フロー」タブで「Httpフロー」を選択して、HttpStartコンポーネントが配置済みのフローウィンドウを表示することもできます。

「Httpフロー」テンプレートについて

「フローの作成」ダイアログから利用できる「Httpフロー」のフローテンプレートでは、HTTPStartコンポーネントがあらかじめ配置され、フローの「セッション」プロパティが「保持する」、「HTTPでの呼出しを許可」プロパティが「はい」に設定された状態でフローが作成されます。

HINT

HTTP起動のフローは、HttpStartコンポーネントで開始し、HttpEndコンポーネントで終了するように作成します。

URLトリガーによるHTTP起動の実行設定を定義する

1 対象のフローをフロー一覧で選択し、「実行」メニューの「実行設定」-「URL」を選択する

2 「実行設定」ダイアログが表示されるので、設定内容を確認し、「登録」をクリックする

HTTP起動のフローが登録されたので、「閉じる」をクリックして「実行設定」ダイアログを閉じます。

フローをブラウザから実行する

1 フローを右クリックし、メニューから「ブラウザから実行」を選択する

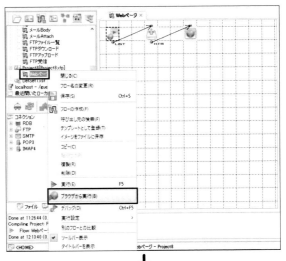

フローがブラウザから実行され、フローの結果ストリームがブラウザに出力されます。一度登録したURLトリガーは、「ブラウザから実行」メニューからいつでも実行できます。

HINT

「実行設定」ダイアログで「登録」をクリックすると、「ブラウザから実行」ボタンが利用可能になります。「ブラウザから実行」をクリックしてフローをすぐに実行することもできます。

URLリダイレクション／ドキュメントルート

URLリダイレクションで実行するには

フローで静的HTMLを表示させる場合、FileGetコンポーネントを使用せずに「URLリダイレクション」によってファイルを指定することもできます。ドキュメントルートにファイルを置く（公開する）ことで、URLリダイレクションの指定が可能になります。

ブラウザでファイルを開く

1 ドキュメントルートにファイルを置き、フローデザイナーのファイルペインにドキュメントルート内のファイルを表示する

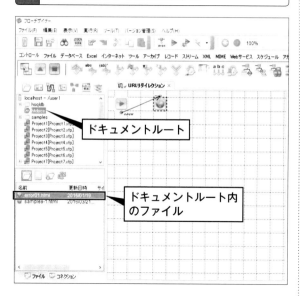

2 対象のファイルを右クリックし、「ブラウザで開く」を選択する

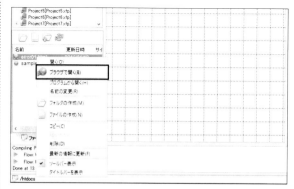

ドキュメントルート内に置かれたHTMLファイルであれば、「ブラウザで開く」を実行することでブラウザが起動し、対象のファイルがブラウザ内に表示されます。

HINT
ドキュメントルートについて

ASTERIA WARPでフローサービスアカウントを1つ作成すると、初期設定ではアカウントごとにドキュメントルートが設定されます。既定のドキュメントルートフォルダーは「htdocs」となっており、アカウントのホームフォルダー下の「htdocs」フォルダー内にファイルを置くことによって、それを外部へ公開できるようになります。

HINT
公開ファイルのURL

ドキュメントルートフォルダーにファイルを置くと、「http://＜Serverアドレス＞:＜port番号＞/＜ユーザーコンテキストパス＞/＜ファイル名＞」でアクセスできます。ドキュメントルートフォルダーとユーザーコンテキストパスの設定は、FSMC（フローサービス管理コンソール）で「ツール」－「アカウント」からアカウントの詳細画面を表示して「コンテキスト設定」から確認できます。

URLリダイレクション利用のフローを作成する

1 新規フローを作成し、「コントロール」タブからHttpEndコンポーネント（「HTTPのレスポンスを返してフローを終了します」）を配置して接続する

2 HttpEndコンポーネントの「ステータスコード」プロパティで「302 Found」を選択する

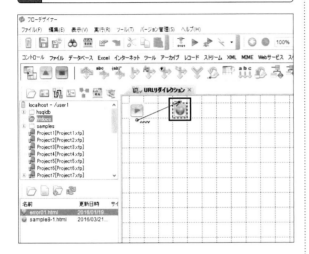

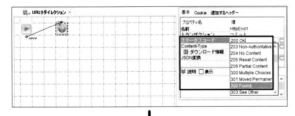

HINT

HttpEndコンポーネントの「ステータスコード」プロパティには、HTTPのStatusコードを指定できます。Statusコード「302」は、HTTPリダイレクト用のコードです。

3 HttpEndコンポーネントの「Location」プロパティに、リダイレクト先のURLを入力する

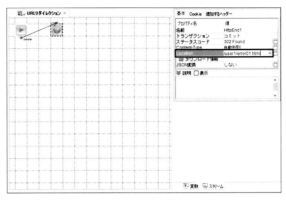

　フローを保存し、URLトリガーによるHTTP起動（URL起動）の実行設定を登録してブラウザから実行すると、URLリダイレクションによってHTMLファイルを表示できます。

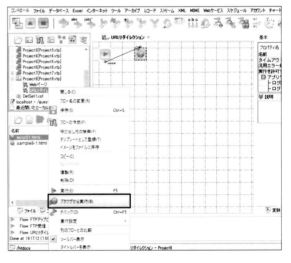

HINT

HttpEndコンポーネントの「Location」プロパティにはリダイレクト先のURLを指定しますが、「/＜ユーザーコンテキストパス＞」から始まる相対パスを記述すると、その前に「http://＜Serverアドレス＞:＜port番号＞」が補われ、それが実際のURLになります。相対パスの代わりに絶対パスを指定することもできます。また、リダイレクト先URLとして他のフローを指定することも、ドメインの異なる他のURLを指定することも可能です。

実行設定／スケジュール起動

フローをスケジュール登録して実行するには

「スケジュール起動」の実行設定によって、フローの起動をスケジュール登録し実行させることができます。指定の日時のほか、毎日・毎週・毎月の定期的な実行、任意の実行間隔などを「実行設定」ダイアログで設定することで、フローをスケジュール化できます。

フロー実行の日時を指定する

1 対象のフローをフロー一覧で選択し、「実行」メニューの「実行設定」-「指定日時に実行」を選択する

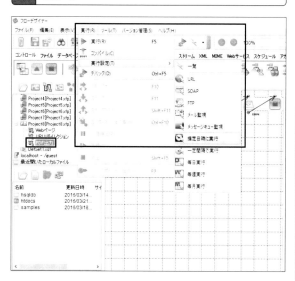

2 「実行設定」ダイアログが表示されるので、「開始日時」のボックスでフロー実行の日付と時間を指定し、「登録」をクリックする

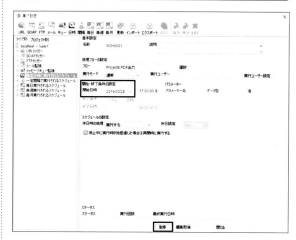

登録が終了したら「閉じる」をクリックして「実行設定」ダイアログを閉じます。指定した日時に、対象のフローが実行されます。

HINT
実行設定の一覧を表示するには

「フローデザイナー」ウィンドウの「実行」メニューから「実行設定」-「一覧」を選択し、表示される「実行設定」ダイアログの左側の一覧で「タイプ別」タブをクリックすると、定義されている実行設定をタイプ別に一覧表示できます。

HINT
トリガーごとのフローの作成

フローサービスでのフロー起動のトリガーには、以下の6種類があります。

- HTTP起動のフロー
- SOAP起動のフロー
- FTP起動のフロー
- メール監視起動のフロー
- メッセージキュー監視起動のフロー
- スケジュール起動のフロー

フローを毎週実行するように設定する

1 「実行設定」ダイアログを表示し、「毎週」アイコンをクリックして、対象のフローを選択する

2 「スケジュールの設定」で対象の曜日にチェックマークを付け、「実行時刻」でフローの実行時刻を指定する

3 設定が終了したら「登録」をクリックし、次に「閉じる」をクリックして「実行設定」ダイアログを閉じる

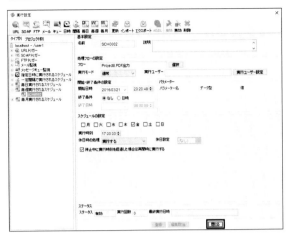

指定した曜日の指定した時刻に、フローが自動で実行されるようになります。

HINT

「実行設定」ダイアログの「毎週」の設定は、対象のフローをフロー一覧で選択してから、「実行」メニューの「実行設定」-「毎週実行」を選択して表示することもできます。

HINT

スケジュール起動の種類

スケジュール起動の実行設定では、以下の5種類から選択できます。

メニュー名	フローの実行設定
指定日時に実行	指定日時に一度だけ実行する
一定間隔で実行	指定の時間間隔で繰り返し実行する
毎日実行	指定時間に毎日実行する
毎週実行	毎週、指定曜日の指定時間に実行する
毎月実行	毎月、指定日の指定時間に実行する

休日のフロー実行について設定するには

あらかじめFSMCの「ツール」-「カレンダー」でカレンダーを作成し、休日の曜日を設定しておくと、「実行設定」ダイアログの「休日設定」でそのカレンダーを選択して、「休日時の処理」を指定できるようになります。

「スケジュール」タブ

フローからスケジュールを設定するには

パレットの「スケジュール」タブのコンポーネントを利用すると、指定時間後や指定日時に、別フローの実行を行うように、スケジューラーサービスにスケジュールを登録できます。TimerコンポーネントやSingleScheduleコンポーネントなどがあります。

指定時間後に別フローを実行する（Timerコンポーネント）

1 フローを作成し、「スケジュール」タブのTimerコンポーネント（「一定時間後にフローを実行します」）をドラッグして配置する

2 「実行までの時間（秒）」プロパティに、フローを実行するまでの待ち時間を秒単位で指定する

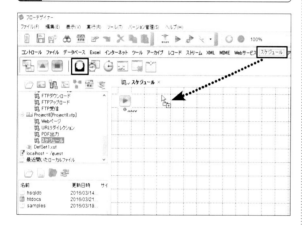

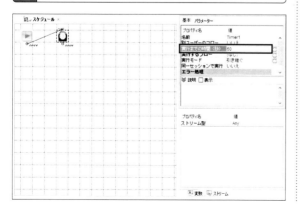

3 「実行するフロー」プロパティに、実行対象のフローを指定する

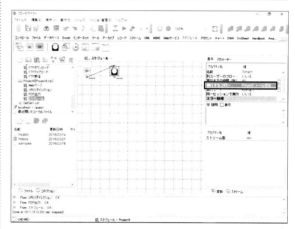

処理に応じてその他のプロパティを設定し、その他のコンポーネントも配置して、フローを完成させます。フローを実行すると、「実行するフロー」で指定したフローが、指定秒数後に実行開始されます。

> **HINT**
> 「実行までの時間（秒）」プロパティに「0」を指定することで、即座に別スレッドで別フローを実行できます。ただしその場合、スレッドを同時に2つ消費することになるため、多用する場合の最大スレッド数には十分注意してください。

指定日時に別フローを実行する（SingleScheduleコンポーネント）

1 フローを作成し、「スケジュール」タブのSingleScheduleコンポーネント（「指定日時にフローを実行します（単一実行スケジュール）」）をドラッグして配置する

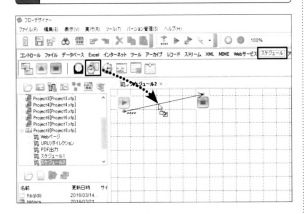

2 SingleScheduleコンポーネントの「実行日時」プロパティに、フローを実行させたい日時を指定する

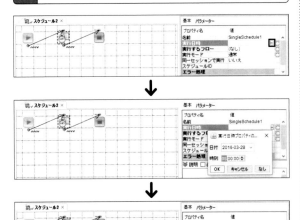

3 「実行するフロー」プロパティに、実行対象のフローを指定する

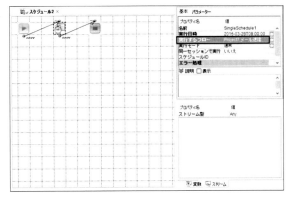

処理に応じてその他のプロパティを設定し、その他のコンポーネントも配置して、フローを完成させます。

HINT

「スケジュール」タブのコンポーネント

パレットの「スケジュール」タブでは、フローのスケジュール設定に関する以下のコンポーネントを利用できます。

アイコン	コンポーネント名	メニュー名
	Timer	一定時間後にフローを実行します
	SingleSchedule	指定日時にフローを実行します（単一実行スケジュール）
	IntervalSchedule	一定間隔のスケジュールを登録します（間隔実行スケジュール）
	RegularSchedule	周期実行のスケジュールを登録します（周期実行スケジュール）
	DeleteSchedule	スケジュールを削除します
	ScheduleList	コンポーネントで登録したスケジュールを取得します

実行するフローについて

各コンポーネントの「実行するフロー」プロパティでは、実行対象のフロー名をマッパーで差し込んで指定できるので、実行する処理を動的に変更することが可能です。

HINT

「実行日時」プロパティは通常、マッパーでDate型の変数を差し込み、設定しますが、「yyyy-MM-dd'T'HH:mm:ss」形式で値を直接指定することもできます。

Sleepコンポーネント

フローを一定時間停止するには

Sleepコンポーネントを利用すると、フローの処理を指定時間スリープ(停止)し、その後処理を再開するように設定できます。スリープする時間をミリ秒単位で指定します。また、スリープ前後のログに出力するメッセージも指定できます。

フローのスリープを設定する

1 対象のフローを表示し、「コントロール」タブのSleepコンポーネント(「指定した時間スリープします」)をドラッグして配置する

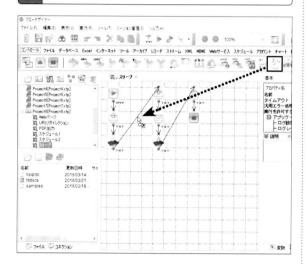

2 スリープの直前と直後にログに出力するメッセージを「出力ログ」プロパティで指定する

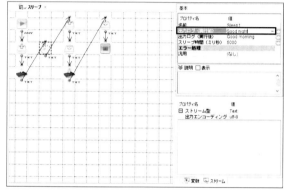

3 「スリープ時間(ミリ秒)」プロパティに、スリープする時間をミリ秒単位で指定する

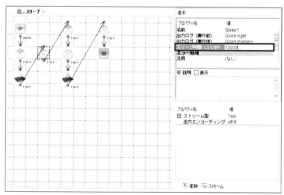

フローを実行すると、設定に従ってスリープが実施され、その後フローが再開します。ログ出力のメッセージを指定していた場合は、そのメッセージも出力されます。

HINT

「出力ログ(実行前)」プロパティはスリープする直前、「出力ログ(実行後)」プロパティはスリープから復帰した直後にログに出力するメッセージをそれぞれ指定します。値が空の場合は、メッセージのログ出力は行われません。

Mutexコンポーネント

フローを排他制御するには

Mutexコンポーネントでは、特定のフローにIDを指定してロックを設定でき、ロックが解除されるまで他のスレッド（フロー）をブロックするよう設定できます。ロックの解除は、アンロックが実行されるか、またはフローの終了までとなります。

フローのロックを設定する

1 ロック対象のフローで、「コントロール」タブのMutexコンポーネント（「実行スレッドを排他制御します」）を配置し、各プロパティを設定する

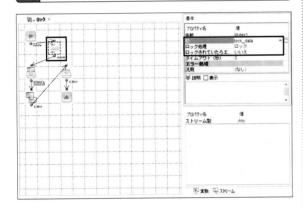

ロックを設定する場合は、対象の箇所にMutexコンポーネントを配置し、「ロック処理」プロパティで「ロック」を指定します。

HINT

Mutexコンポーネントの「ID」プロパティでは、生成するロックのIDを文字列で指定します。「ID」プロパティが指定されていない場合には、「フロー名（オーナー名＋プロジェクト名＋フロー名）」がIDとして設定されます。

「タイムアウト（秒）」プロパティでは、ロック獲得までに待機する時間を秒単位で指定します。指定時間を経過してもロックが獲得できなかった場合はエラーとなります。「0」を指定した場合はタイムアウトは発生しません。

フローのアンロックを設定する

1 アンロックを指定したいフローで、「コントロール」タブのMutexコンポーネント（「実行スレッドを排他制御します」）を配置する

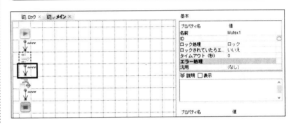

2 「ロック処理」プロパティで「アンロック」を選択し、「ID」プロパティでアンロック対象のロックIDを指定する

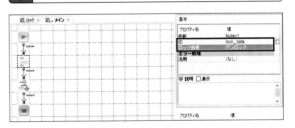

ロックが解除されたときに、複数のスレッドがそのIDに対して待機状態であった場合、次にロックを獲得するスレッドは、最初にロックを取得したスレッドとなります。

CAUTION

アンロックでは、他のスレッドのかけたロックを強制的に解除することもできるので、使い方には注意が必要です。

JavaInterpreterコンポーネント

フローの中でJavaコードを実行するには

Javaによる独自の処理を記述できるコンポーネントとして、JavaInterpreterコンポーネントがあります。また、マッパー関数にもJavaInterpreter関数が用意されており、マッパーでデータ加工する際にJavaコードを利用できます。

Javaコードを記述する（JavaInterpreterコンポーネント）

1 対象のフローを表示し、「ツール」タブのJavaInterpreterコンポーネント（「Javaインタープリタ」）を配置して接続する

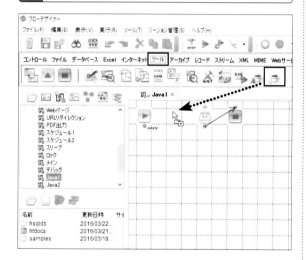

2 「ソースコード」プロパティに、Javaのソースコードを記述する

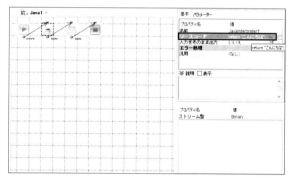

3 出力ストリーム定義を設定する

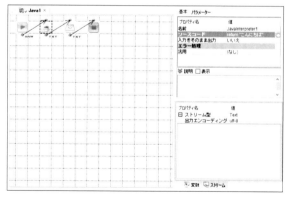

ソースの記述は、基本的にクラス定義ができない以外はJava仕様と同じで、実行はインタープリタ形式です。

「入力をそのまま出力」プロパティが「いいえ」の場合は、ソースコード中でストリームを生成してreturnする必要があります。

HINT

パラメーターの取得と設定

componentとcontextという2つの変数は事前にフローサービスで予約されて定義されていて、そこから入力ストリームやパラメーターを取得して処理を実行できます。パラメーターの定義は、JavaInterpreterコンポーネントのインスペクタの「パラメーター」タブを使って設定でき、マッパーで値を差し込んだり参照したりが可能です。パラメーターの取得には、予約変数componentのgetParameter(String)というメソッドを使用します。

Javaコードを記述する（JavaInterpreter関数）

1 フローを作成し、Mapperコンポーネントを接続してダブルクリックする

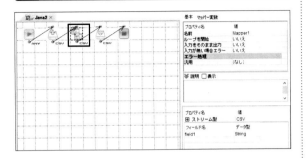

2 マッピングウィンドウのパレットの「制御」タブからJavaInterpreter関数（「Javaインタプリタ」）をドラッグして配置する

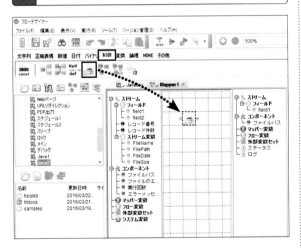

3 「ソースコード」プロパティに、Javaのソースコードを記述する

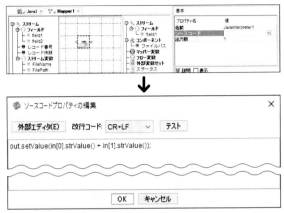

4 処理に合わせて入出力のフィールドやストリーム定義を設定する

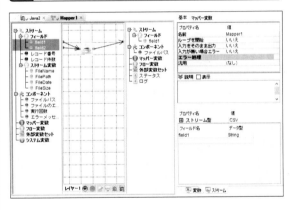

　JavaInterpreter関数では、入力はいくつでも受け付けることができ、入力なしでも使用可能です。出力は必ず必要です。in/outという名前の変数が事前に本製品で予約されて定義されており、この変数から、入力値を取得したり、出力を設定したりできます。

HINT
カスタム関数またはカスタムコンポーネントを作成するには

JavaInterpreter関数またはJavaInterpreterコンポーネントを右クリックして表示されるメニューから、「カスタム関数」や「カスタムコンポーネント」を作成できます。この場合、コンパイルされたコードになるため、JavaInterpreterと比較して高速で動作します。

HINT
外部Javaクラスを実行するコンポーネント

「ツール」タブのJavaClassコンポーネント（「外部JavaClassを実行します」）を利用して、自作のJavaクラスを実行することもできます。

JavaClassコンポーネント

EXEコンポーネント
フローの中で外部プログラムを実行するには

EXEファイルやバッチファイルなどをフローから起動するには、EXEコンポーネントを利用します。起動時に引数を与えたり、外部プログラムからのリターンコードを取得したりでき、データ（ストリーム）は標準入出力を介して受け渡しが可能です。

バッチファイル実行のフローを作成する

1 対象のフローを作成し、「ツール」タブのEXEコンポーネント「(外部プログラムを起動します)」を配置して接続する

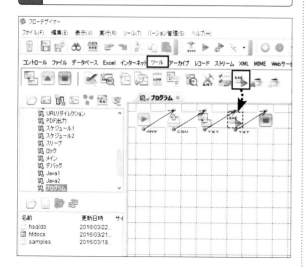

2 「ファイルパス」プロパティに、外部プログラムのパスを指定する

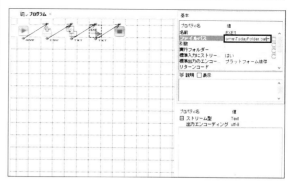

3 引数や、入出力ストリームの設定をマッパーなどで行ってフローを完成させる

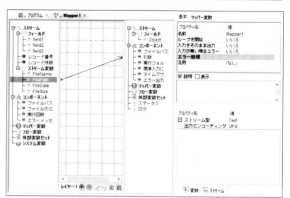

上の例では、FileGetコンポーネントで読み込んだファイルのFilePath変数を、を、EXEコンポーネントの引数として設定しています。引数は、EXEコンポーネントのインスペクタで直接プロパティ値として指定することもできます。

HINT

EXEコンポーネントの「ファイルパス」プロパティでプログラム名のみ指定する場合は、実行するプログラムにパスが通っている必要があります。また、「引数」プロパティには、外部プログラムの引数を指定します。「ファイルパス」に引数指定を含めて、「cmd.exe /c test.bat」のように指定することもできます。つまり、ファイルパスと引数は2つ合わせて1つのコマンドラインとなります。

フローのデバッグ

フローをステップ実行するには

フローデザイナーでフローを実行する場合、手順ごとのステップ実行をしてデバッグを行うことができます。コンポーネントを1つずつ実行しながら、随時プロパティの値やストリームの状態を確認できます。マッパーや、トリガー起動のフローのデバッグも可能です。

開始コンポーネントからステップ実行する

1 対象のフローを表示し、ツールバーの「デバッグ実行」アイコンをクリックする

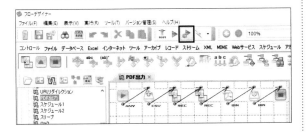

2 「フローのデバッグ」ダイアログが表示されるので、「フロー開始時にブレークする」にチェックマークを付け、「実行」をクリックする

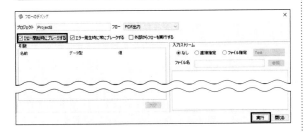

> **HINT**
> 「外部からフローを実行する」のチェックマークは外しておきます。

デバッグを終了するには
デバッグを最後まで実行するか、「デバッガー」ダイアログのツールバーで「中止」をクリックすると、デバッグが終了し、ダイアログが閉じられます。

3 表示される「デバッガー」ダイアログの各ボタンを使って、デバッグのステップ実行を進める

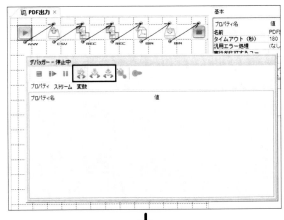

↓

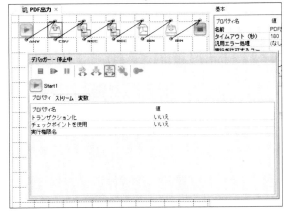

次のコンポーネントへ移るには、「デバッガー」ダイアログの「ステップオーバー」または「ステップイン」をクリックします。デバッグの実行中、フローウィンドウでは、実行したコンポーネントは赤枠で、次に実行するコンポーネントは青枠で示されます。

マッパーのデバッグを実行する

1 デバッグを開始し、Mapperコンポーネントの地点で「デバッガー」ダイアログのツールバーの「ステップイン」をクリックする

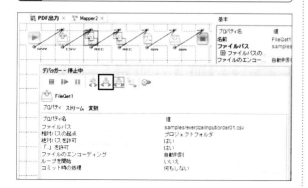

2 マッピングの実行結果を確認するには、レコードをダブルクリックする

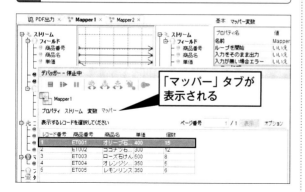

「マッパー」タブが表示される

3 レコードのマッピングの実行結果を確認できる

レコード一覧に戻るには「一覧表示」をクリックする

4 マッパー関数をクリックすると、関数の詳細が表示される

　Mapperコンポーネントに対して「ステップイン」を実行すると、「デバッガー」ダイアログの「マッパー」タブでマッピングデータの詳細を確認できます。

　関数の詳細を示すダイアログは、「×」(閉じる) ボタンをクリックするか、「一覧表示」に戻ると閉じられます。

HINT

ステップ実行のボタン

「デバッガー」ダイアログのツールバーのボタン（アイコン）のうち、ステップ実行には以下のボタンを利用できます。

アイコン	名前	動作
	ステップオーバー	コンポーネントを1つ実行しますが、フロー内に制御を遷移せずに、次のコンポーネントに制御を遷移します
	ステップイン	コンポーネントを1つ実行しますが、フロー内（サブフローなど）に制御を遷移します
	ステップアウト	サブフローなどを最後まで進め、呼び出し元コンポーネントまで実行します

HINT

特定のコンポーネントをデバッグするには

「ブレークポイント」を設定すると、特定のコンポーネントに対してデバッグを実行できます。ブレークポイントは、コンポーネントアイコンを右クリックして「ブレークポイントの設定」で設定します（デバッグの実行中も操作可能です）。デバッグを実行すると、ブレークポイントが設定されたコンポーネントでデバッガーが停止して、詳細を確認できます。再開するには「再開」をクリックします。

トリガー起動のフローをデバッグする

1 トリガー起動を設定済みのフローで、デバッグを開始し、「フローのデバッグ」ダイアログの「外部からフローを実行する」にチェックマークを付ける

3 トリガー起動によってフローが開始されると、デバッグ実行中となり、ステップ実行できるようになる

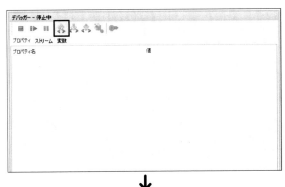

↓

2 「デバッガー - 待受中」ダイアログが表示され、待機中となる

最初にフローをデバッグ実行で開始させておくことにより、フローが実行待ちの状態になります。そのあとURL実行設定やメール監視実行設定から指定のフローがトリガー実行されると、そのフローに対してデバッグが開始されます。

HINT

外部からフローを実行する

HTTP起動やメール監視で起動されるフローの場合、フローがトリガーによって起動される前に、フローをデバッグ実行で開始させておくことで、デバッグを実行できます。その場合、「フローのデバッグ」ダイアログで「外部からフローを実行する」にチェックマークを付けておく必要があります。また、この方法では、「フロー開始時にブレークする」のチェックマークの有無にかかわらず、常にフロー開始時点でブレークします。

HINT

デバッグするフローに入力ストリームを指定するには

「フローのデバッグ」ダイアログの「入力ストリーム」の項目を使って、デバッグするフローに対し入力ストリームの内容を指定してデバッグできます。入力ストリームは、「直接入力」を選択して直接指定するか、「ファイル指定」を選択してローカルファイルの指定によって行います。

デバッグを開始するには

フローデザイナーのツールバーの「デバッグ実行」をクリックするほか、「実行」メニューの「デバッグ」を選択しても、「フローのデバッグ」ダイアログを表示できます。

ログ出力設定

ログ出力を設定するには

フローデザイナーでは、フローの実行時に出力するログを、コンポーネントごとに設定するログ設定機能があります。ログの出力先として、アプリケーションログかシステムログ（FlowService.log）を選択できます。マッパーやLogコンポーネントでもログ設定できます。

コンポーネントのログ出力を設定する

1 フローウィンドウで対象のコンポーネントアイコンを右クリックし、メニューから「ログ設定」を選択する

2 「ログ設定」ダイアログで、「出力ON・OFF」にチェックマークが対いていることを確認し、「ログ設定名」（アプリケーションログに出力する場合）や、「出力ログレベル」を選択する

HINT

設定内容を残しながら一時的にログ出力を止めたい場合などには、「出力ON・OFF」のチェックマークを外します。

「ログ設定名」の指定がない場合、出力先はシステムログになります。また、「（呼び出し元の設定を引き継ぐ）」を指定した場合は、呼び出し元のフローで指定されているアプリケーションログ設定が使用されます。

「出力ログレベル」は、以下の5種類のレベルから選択できます。

- FATAL －致命的エラー
- ERROR －エラー
- WARN －警告
- INFO －情報
- DEBUG －情報（デバッグ時）

HINT

アプリケーションログを出力するには

アプリケーションログを出力できるようにするには、あらかじめ、FSMC（フローサービス管理コンソール）でログ設定名を定義しておく必要があります。それには、FSMCの「設定」－「ログ」－「アプリケーション」で「新規」をクリックし、名前やその他の情報を設定して保存します。

3 ログに出力する内容を「出力メッセージ」で指定し、「OK」をクリックする

↓

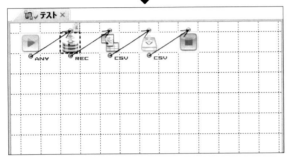

コンポーネントのログ設定を行うと、コンポーネントアイコンの右上にログ設定のアイコンが表示されます。一度ログ設定を行ったあとには、このアイコンをダブルクリックすることでもログ設定のダイアログを表示できます。

HINT

ログ設定のプロパティ式について

「ログ設定」ダイアログの「出力メッセージ」では、左側の「プロパティ式」の一覧からプロパティ式をダブルクリックして選択することもできます。通常のプロパティ式以外に、コンポーネントプロパティを表す「$component」を利用できます（ただし、「$prev」と「$stream」は参照できません）。

マッパーでログ出力を設定する

1 対象のフローでマッピングウィンドウを表示し、右側の「ログ」へ、ログ出力したい項目をドラッグして接続する

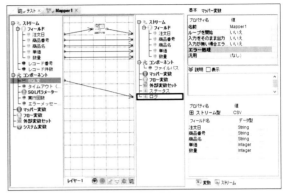

フローを実行すると、指定した項目がシステムログへ出力されます。

HINT

ログ出力のコンポーネント

フローデザイナーのパレットの「ツール」タブにあるLogコンポーネント（「ログ出力」）をフローに配置して、フローに関するログ出力を設定することもできます。Logコンポーネントの「出力メッセージ」プロパティで、プロパティ式などを使ってログへの出力内容を設定します。

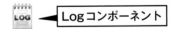

フローの実行ログをアプリケーションログに出力するには

通常、システムログにはフローの実行開始、終了、エラーなどの情報が出力されますが、フローのプロパティを設定することで、それらのログをアプリケーションログに出力することもできます。
フローウィンドウのツリーペインでフローを選択し、インスペクタの「アプリケーションログ設定」の「ログ設定名」で定義済みのアプリケーションログ設定名を指定します。

ログビューアー

ログを表示するには

「ログビューアー」では、運用時にサービスに接続して、フローサービスで出力されるログを確認できます。ログ内容の検索や、フィルター機能によって条件に一致した行だけを取り出すことが可能です。また、ログの解析機能を使って、フローの実行状況も確認できます。

ログビューアーでログを表示する

1 「ツール」メニューの「ログビューアー」を選択してログビューアーを起動する

2 接続先のサーバーアイコンを右クリックし、「接続」を選択する

3 「ログイン」ダイアログでログイン情報を確認し「OK」をクリックすると、ツリーペインに項目一覧が表示されるので、項目をダブルクリックして展開していき、ログを表示する

ツリーペインで、サーバーやログの種類をダブルクリックすると項目が展開表示され、ログ一覧が表示されます。ログ一覧で「最新」または日付をダブルクリックすると、右側のウィンドウにログの詳細が表示されます。

HINT
サーバーを追加するには
新規にサーバーを追加するには、「ファイル」メニューの「サーバーを追加」を選択し、表示される「ログイン」ダイアログでサーバー情報とユーザー情報を指定して、「OK」をクリックして接続します。

HINT
ログビューアーを起動するその他の方法
Windowsの「スタート」メニューから「ASTERIA WARP - Flow Designer」-「ログビューアー」を選択して起動することもできます。

アプリケーションログを表示する

1 「アプリケーションログ」の「＋」記号をクリックして展開し、表示される一覧でログ設定名の「最新」をダブルクリックする

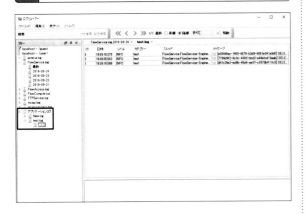

右側の一覧に、指定したアプリケーションログの一覧が表示されます。

なお、アプリケーションログの一覧が表示されるのは、アプリケーションログのログ設定名が定義されていて、フローやコンポーネントのログ出力で、アプリケーションログが指定されている場合です。

HINT

アプリケーションログの設定名は、FSMC（フローサービス管理コンソール）を使って定義する必要があります。システムログやアプリケーションログの表示、検索などの操作は、FSMCでも実行できます。

ログの内容を検索するには

フィルターペインの「検索文字列」ボックスに検索対象の文字列を入力して Enter キーを押すと、「メッセージ」列の内容にその文字列を含むログだけが右側に一覧表示されます。すべての列を検索対象にするには、「全フィールド対象」にチェックマークを付けてから検索を実行します。なお、「メッセージ」列を対象に検索するだけなら、ログビューアーのメニューの下にある「検索」ボックスも利用できます。

ログビューアーを終了するには

ログビューアーの「ファイル」メニューの「終了」を選択するか、もしくは右上の「×」（閉じる）ボタンをクリックします。

フィルターでログを絞り込む

1 ログビューアーの「表示」メニューで「フィルター」を選択する

2 フィルターペインが表示されるので、それぞれの項目を使って表示対象のログを指定する

3 カテゴリーを指定するには、「カテゴリー」の一覧でカテゴリを選択する

「カテゴリー」の一覧では、フロー名を選択して、特定のフローのログのみ表示することもできます。フィルターペインの「フィルター行のみ表示」が選択されていれば、フィルターで該当した行のみが、右側の一覧に表示されます。

HINT

フィルターペインの表示をやめるには、フィルターペイン右上の「×」（閉じる）ボタンをクリックします。

FlowService.logの ログ解析を実行する

1 ログビューアーのツリーペインで、解析対象のFlowService.logの一覧を開いて表示し、「ツール」メニューの「FlowServiceログを解析」をクリックする

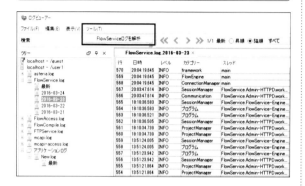

2 「FlowServiceログを解析」ダイアログが表示されるので、解析の時間間隔を選択し、「実行」をクリックする

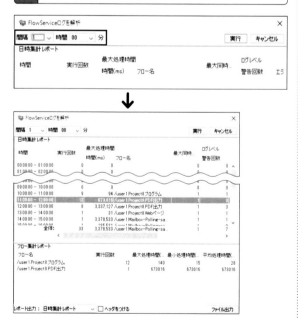

実行されたフローの実行回数や、最大処理時間を時間帯ごとに確認できます。時間帯の行をクリックすると、「フロー集計レポート」欄に実行状況が表示されます。

ログ解析をファイルに出力する

1 「FlowServiceログを解析」ダイアログの「レポート出力」でレポートの種類を選択し、「ヘッダをつける」の項目を指定して、「ファイル出力」をクリックする

2 「保存」ダイアログでファイルの保存先とファイル名を指定して保存する

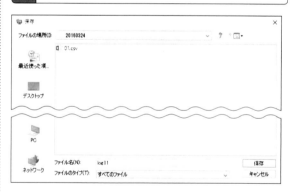

解析結果は、CSV形式のファイルとして保存されます。「FlowServiceログを解析」ダイアログで「ヘッダをつける」にチェックマークを付けると、出力結果に項目名が付加されます。

作業が終了したら、「FlowServiceログを解析」ダイアログの右上に表示されている「キャンセル」、または「×」（閉じる）ボタンをクリックしてダイアログを閉じます。

第9章

Webサービスとサーバー設定

- 170 HTTPサービスを利用するには
- 174 HTMLにデータを差し込むには
- 176 JSONを利用するには
- 178 HTMLを解析してデータを取得するには
- 180 Webサーバーのポート番号を変更するには
- 181 URL実行のリクエストをダンプするには
- 182 証明書を作成するには
- 183 SSLを使えるようにするには
- 184 SSLのデバッグログを取得するには

RESTコンポーネント

HTTPサービスを利用するには

GETやPOSTなどのHTTPメソッドを指定してHTTPサーバーとの通信を行うには、RESTコンポーネントを利用します。テストを実行して、プロパティ値やパラメーターの動作を確認できます。レスポンスがJSONの場合には、自動的にXMLに変換して出力できます。

RESTコンポーネントを配置しテストを実行する

1 「インターネット」タブからRESTコンポーネント（「RESTリクエストの実行」）を配置する

2 RESTコンポーネントを選択し、インスペクタの「コネクションを使用」プロパティで「いいえ」を選択する

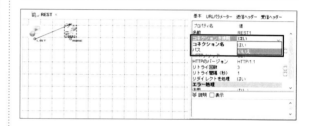

HINT

HTTPメソッドを選択するには

RESTコンポーネントの「HTTPメソッド」プロパティで、リクエストに使用するHTTPのメソッドを指定します。GET、POST、PUT、DELETE以外のメソッドは、直接入力して指定します。

HTTPGet・HTTPPostコンポーネントとの違い

RESTコンポーネントは、HTTPのGETメソッドを使用するHTTPGetコンポーネント、POSTメソッドを使用するHTTPPostコンポーネントの機能をすべて含んでおり、代替させることができます。それらのコンポーネントとの相違点は以下のとおりです。

- HTTPメソッドを選択でき、PUTとDELETEのリクエストを発行できる
- URLパラメーターをプロパティで指定可能
- レスポンスがJSONの場合にXMLに変換して出力できる
- テストを実行できる

HINT

RESTコンポーネントの「コネクションを使用」プロパティで「はい」を選択する場合は、「コネクション名」プロパティで接続先のHTTPサーバーを指定します。その場合は事前にHTTPコネクションを作成しておく必要があります。

3 「コネクション情報」の「URL」プロパティに、接続先のURLを指定する

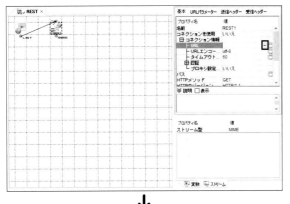

4 「URLパラメーター」タブをクリックし、データ取得用のパラメーターを設定する

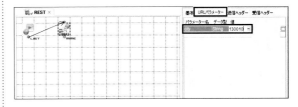

5 RESTコンポーネントアイコンをダブルクリックする

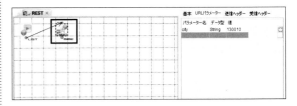

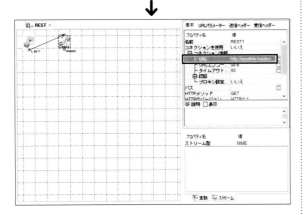

6 「RESTのテスト」ダイアログが表示されるので、「テスト実行」をクリックしてテストを実行する

> **HINT**
> ここでは、livedoorが提供する「お天気Webサービス（LWWS）」（http://weather.livedoor.com/weather_hacks/webservice）を利用する例で説明しています。接続先URLには「http://weather.livedoor.com/forecast/webservice/json/v1」を指定し、cityパラメーターに「130010」（東京）を指定します。なお、接続先URLは、cityパラメーターを含めた形で「http://weather.livedoor.com/forecast/webservice/json/v1?city=130010」のように指定することもできます。

テストを実行すると、「Response」タブにテスト結果が表示されます。

> **HINT**
> RESTコンポーネントアイコンを右クリックし、メニューから「テストの実行」を選択して「RESTのテスト」ダイアログを表示することもできます。

テスト結果から XMLフィールド定義を読み込む

1 RESTコンポーネントでテストを実行し、結果を確認する

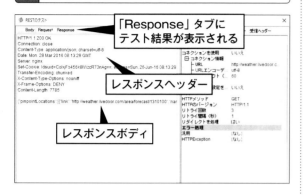

2 RESTコンポーネントのフィールド定義を自動的に行うために、「XMLフィールド定義のインポート」をクリックする

3 「閉じる」をクリックして「RESTのテスト」ダイアログを閉じる

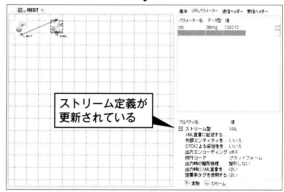

RESTコンポーネントには、レスポンスのJSONをXMLに変換して出力する機能があるため、RESTコンポーネントの出力フィールド定義を自動的に設定できます。

HINT

「RESTのテスト」ダイアログでの変更を反映させるには

「RESTのテスト」ダイアログの右側の各タブには、RESTコンポーネントで設定されたプロパティ値が表示されています。ここでプロパティ値の変更を行ってから、「テスト実行」をクリックしてテストを実行することもできます。ただし、変更した値をプロパティに反映させるには「RESTのテスト」ダイアログの「プロパティのインポート」をクリックする必要があります。

CAUTION

「RESTのテスト」ダイアログでプロパティを変更した場合、「プロパティのインポート」をクリックしてインポートしない限り、コンポーネントには反映されません。

データのマッピングを設定する

1 取得したデータを出力するためのMapperコンポーネント、終了コンポーネントなどを配置し接続する

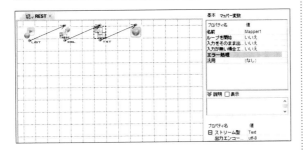

2 Mapperコンポーネントのフィールド定義を設定する

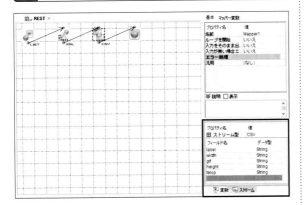

3 必要に応じ、フロー変数などを定義する

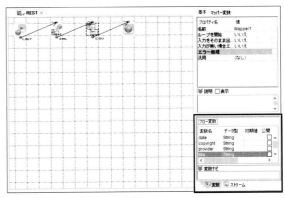

4 マッピングウィンドウでマッピングを設定する

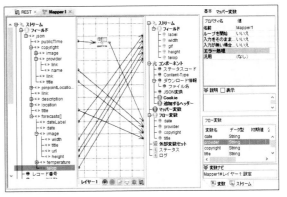

ここでは解説していませんが、Mapperコンポーネントに続けてVelocityコンポーネントでHTMLへデータの差し込みを行ったりすることで、出力データを活用できます（次ページの「HTMLにデータを差し込むには」の手順を参照）。

HINT

Webサービス（SOAP）を利用するには

パレットの「Webサービス」タブに用意されているWebServiceコンポーネントおよびWebService2コンポーネントは、WSDLファイルを読み込んでSOAPメソッドを実行します。WebService2コンポーネントは、SOAP1.1/1.2に対応していますが、RPCスタイルには対応していません。

アイコン	コンポーネント名	メニュー名
(SOAP)	WebService	Webサービスを呼び出します
(SOAP 1.2)	WebService2	Webサービスを呼び出します

HINT

XMLでは、そのツリー構造により、要素が繰り返す場合と繰り返さない場合の両方があります。上の例では、繰り返し要素（forecasts要素）内のデータを、出力ストリームであるCSVの各項目へマッピングし、繰り返しのない要素（publicTime要素、providerのname要素など）のデータを、フロー変数へマッピングしています。

Velocityコンポーネント

HTMLにデータを差し込むには

テンプレートを使って動的にテキストを生成するためのコンポーネントとして、Velocityコンポーネントが用意されています。テンプレートに、指定された書式で入力ストリームを差し込むことで、HTMLやXMLなどのデータに変換して出力できるようになります。

Velocityコンポーネントでデータを HTML に差し込む

1 Webサービスから取り込んだデータのマッピング設定などを行い、「ツール」タブのVelocityコンポーネント（「Velocityを使ってデータの差込み変換します」）を配置して接続する

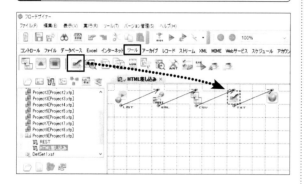

2 Velocityコンポーネントの「ファイルパス」プロパティに、テンプレートとするファイルへのパスを指定する

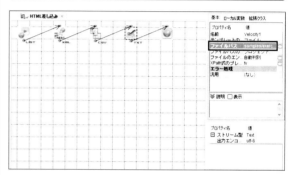

3 ストリーム型を「HTML」に変更する

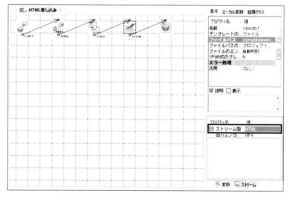

HINT

Velocityコンポーネントは、テンプレートファイルを用いてデータの変換を行うためのコンポーネントです。入力ストリームや変数などの値を、Velocityテンプレートの任意の位置に埋め込みできます。少々複雑なフォーマットのJSONを生成したり、独自業務アプリの設定ファイルを生成したりと、いろいろな用途に活用が可能です。

Velocityテンプレートを直接入力するには

Velocityコンポーネントプロパティの「テンプレートの指定方法」で「直接入力」を指定し、表示される「テンプレートの内容」プロパティにテンプレートの内容を直接テキストで入力することもできます。

HINT

Webページの文字化けを防ぐために、必要に応じてストリームプロパティの「出力エンコーディング」も変更してください。

4 Velocityコンポーネントアイコンをダブルクリック、または右クリックして「テンプレートの編集」を選択し、「テンプレートの編集」ダイアログを表示する

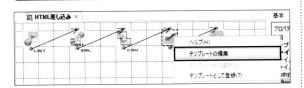

5 テンプレートを編集する

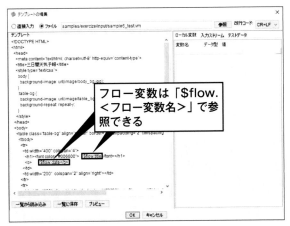

フロー変数は「$flow.＜フロー変数名＞」で参照できる

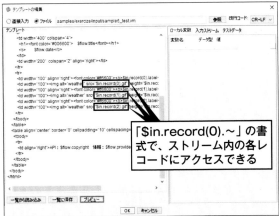

「$in.record(0).～」の書式で、ストリーム内の各レコードにアクセスできる

HINT

コンポーネント内でのみ有効な変数は、「ローカル変数」プロパティで定義できます。ローカル変数は、Velocityテンプレート内では「$local」として参照できます。

6 「OK」をクリックして「テンプレートの編集」ダイアログを閉じ、確認のダイアログが表示された場合は「はい」をクリックする

URLトリガーの実行設定を定義してブラウザから実行できるようにし、フローをブラウザから実行すると、指定したマッピングとテンプレートに基づいてデータが差し込まれ、Webページとしてブラウザに出力されます。

HINT

テンプレートの編集

テンプレート内では、オブジェクトとして各データを参照できます。たとえば、フロー変数は「$flow.＜フロー変数名＞」として、システム変数は「$system.＜システム変数名＞」として参照できます。また、コンポーネントに入力されたストリームはすべて$inに格納され、arrayメソッドを用いて各ストリームにアクセスでき、recordメソッドを用いてストリーム内の各レコードにアクセスできます。Velocityについての詳細は、http://velocity.apache.org/ を参照してください。

プレビューを利用するには

「テンプレートの編集」ダイアログで「プレビュー」をクリックすると、テンプレート内容とテストデータによる、結果のプレビューが表示されます。ただし、プレビューファイルはクライアント環境で作成されるため、外部変数セットとシステム変数は参照できず、「$exvar.xxxx」のようなキーワードがそのまま表示されるという制限があります。また、テンプレートで#parseなどの外部ファイルを参照する機能を使用している場合はプレビューできません。

JSONDecode / JSONEncode / HttpEnd

JSONを利用するには

JSON文字列をXML、ParameterList、Recordのいずれかのストリームへ変換するには、JSONDecodeコンポーネントを利用します。また、ストリームをJSON形式に変換するには、JSONEncodeコンポーネントか、HttpEndコンポーネントのプロパティを利用します。

JSONをストリーム変換する（JSONDecodeコンポーネント）

1 JSON文字列のストリームを含むフローを作成し、「ストリーム」タブからJSONDecodeコンポーネント（「JSONからストリームに変換します」）をドラッグして配置する

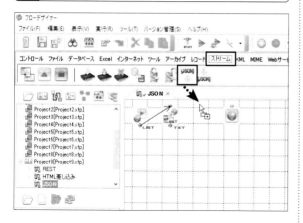

2 出力のストリーム型を選択する

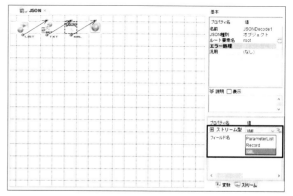

処理に合わせてその他のコンポーネントも配置、接続してフローを完成させます。

HINT

JSONDecodeコンポーネントでは、出力ストリームはXML、ParameterList、Recordのいずれか指定されたストリームフォーマットとなります。

HINT

「JSON種別」プロパティでは、入力のJSON文字列が、(JSON)「オブジェクト」か「配列」かを指定します。「配列」を指定した場合は、このコンポーネントが起点となってループが開始され、配列の要素ごとに、JSONオブジェクトを変換して出力します。配列の要素がJSONオブジェクトでなかった場合は、各要素に対して"array"というキーを付加して、各要素ごとにJSONオブジェクトを新しく作成します。

ストリームをJSON形式に変換する（JSONEncodeコンポーネント）

1 FileGetコンポーネントなどで変換対象のストリームを指定し、「ストリーム」タブからJSONEncodeコンポーネント（「ストリームからJSONに変換します」）をドラッグして配置する

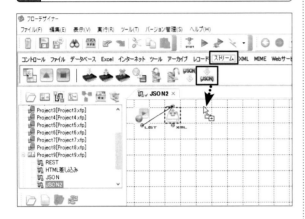

2 出力ストリームに応じて、JSONEncodeコンポーネントのプロパティを設定する

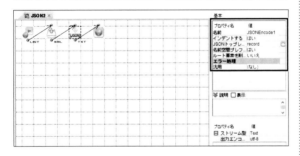

JSONEncodeコンポーネントの出力結果は、XMLストリームからの変換ではTextストリームになります。

HINT
出力のデータ型について

XMLストリームからの変換では、出力のデータ型はすべて文字列になります。それ以外のストリームからの変換ではフィールド定義のデータ型に従いますが、DateTime型は「2016-03-25T00:00:00.000 JST」のような形式の文字列になります。データ型がBinary型の場合は、Base64形式でエンコードした文字列になります。

ストリームをJSON形式に変換する（HttpEndコンポーネント）

1 フローをHttpEndコンポーネントで終了し、HttpEndコンポーネントの「JSON変換」プロパティで「する」または「する（インデント）」を指定する

2 JSON変換に関するその他のプロパティを指定する

「JSONPコールバック」プロパティでは、JSON変換した結果をJSONPとする場合のコールバック関数名を指定します。「JSONトップレベル名」プロパティでは、入力ストリームがCSV、Record、FixedLengthのときに、JSON形式をObjectまたはArrayにするかどうかを指定します。また、必要に応じて「Content-Type」プロパティを指定します。

CAUTION
Binary、Text、HTML、MIMEの各ストリームは、JSON変換できません。これらの入力ストリームに対してJSON変換が指定された場合は、実行時エラーになります。

HINT
HttpEndコンポーネントの「Content-Type」プロパティで「自動判別」を指定してJSON変換した場合、Content-Typeの値は、JSONPコールバックの指定がない場合は「application/json」、指定がある場合は「text/javascript」となります。必要に応じ、ストリームに合わせて変更してください。

HtmlParseコンポーネント
HTMLを解析してデータを取得するには

HtmlParseコンポーネントでは、HTMLストリームを解析して必要なデータを取り出すことができます。HTMLの特定の要素を検索し、「取得する値」プロパティで指定した値を各フィールドに展開して、それらをレコード形式で出力できます。

HTMLの特定の要素からデータを取り出す

1 対象のHTMLを含むTextもしくはHTMLストリームのフローを作成し、「ツール」タブからHtmlParseコンポーネント(「HTMLを解析しデータを取得します」)をドラッグして配置する

2 その他のコンポーネントも配置して接続し、HtmlParseコンポーネントの「ベースセレクター」プロパティに、セレクターを指定する

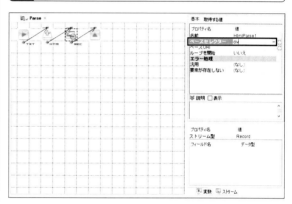

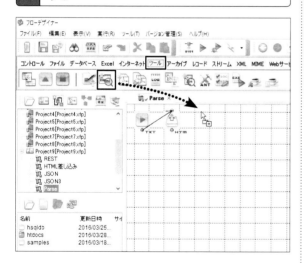

HINT
「ベースセレクター」プロパティ

HtmlParseコンポーネントの「ベースセレクター」プロパティには、取得する値の基準となる要素を選択するためのセレクターを指定します。HtmlParseコンポーネントでは、HTMLの解析にJsoupというライブラリを使用していますが、Jsoupでは、要素の検索にCSSセレクターと同様の記法を用いているため、CSSセレクターと同じように指定できます。

HINT

代表なセレクターの指定例として、以下のようなものがあります。

パターン	指定例	説明
*	*	すべての要素
tag	div	要素tag
#id	div#wrap、#logo	IDが「id」の要素
.class	div.left、.result	クラス名が「class」の要素
[attr]	a[href]、[title]	「attr」という属性を持つ要素（値は任意）
E F	div a	要素Eの下位にある要素F
E > F	ol > li	要素Eの直下にある要素F
E + F	li + li	要素Eの直後に隣接している要素F

3 「取得する値」タブをクリックし、指定した要素に対してどのデータを取得するかを指定する

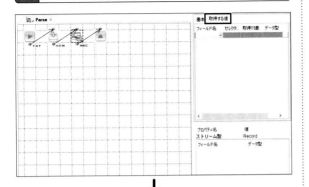

↓

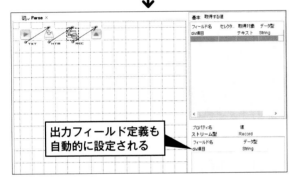

出力フィールド定義も自動的に設定される

HINT

「取得する値」プロパティ

「取得する値」タブでは、ベースセレクターで検索された要素に対してどのデータを取得するかを各項目で指定します。このプロパティで定義したそれぞれの行が、出力するフィールドになります。

項目	説明
フィールド名	出力するときのフィールド名を入力します。
セレクター	ベースセレクターで検索された要素から、さらにデータの取得対象の要素を絞り込みたい場合に指定します。
取得対象	取得するデータを選択します。 ・「テキスト」―要素配下のテキストを取得します。 ・「タグ名」―要素のタグ名を取得します。 ・「ID」―要素のID属性を取得します。 ・「クラス名」―要素のクラス名を取得します。 ・「インナーHTML」―要素配下のHTMLを取得します。 ・「アウターHTML」―要素を含むHTMLを取得します。 ・任意の属性名―要素の属性の値を取得します。
データ型	出力する値のデータ型。HTMLから取得できるデータは文字列となります。

4 フローを実行し、解析結果を取得する

↓

完成したフローを実行することにより、解析結果が得られます。

HINT

URLの解決について

「取得する値」の「取得対象」の項目で、a要素のhref属性のように、URLを含む属性の属性名の前にプレフィックスとして「abs:」を指定すると、URLを絶対URLとして取得できます。このとき、実際の値が相対パスの場合は、以下の順序でURLが補完されます。

1. HTML内のbase要素のhref属性の値
2. 「ベースURI」プロパティで指定された値

これらがいずれも指定されていない場合、値は空文字になります。

ポート番号の変更
Webサーバーのポート番号を変更するには

ASTERIA WARPにはWebサーバー機能も搭載されていて、URLトリガー起動などで利用できます。Webサーバーのポート番号は、FSMCの「設定」-「サービス」-「フロー」画面で「通信」の「編集」をクリックし、「HTTPリスナーポート番号」で変更できます。

「HTTPリスナーポート番号」を変更する

1 FSMCにログインし、「設定」-「サービス」の「フロー」を選択する

2 「通信」の「編集」をクリックする

3 「HTTPリスナーポート番号」で新しいポート番号を入力し、「保存」をクリックする

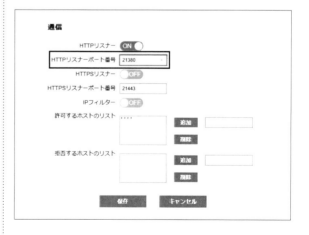

保存が完了し、再起動を促す画面が表示されたら「OK」をクリックして閉じます。設定を有効にするには、フローサービスを再起動します。

HINT

FSMC（フローサービス管理コンソール）の「設定」-「サービス」の「フロー」画面では、フローサービスの各種設定を行うことができます。

フローサービスのサーバー名を変更するには
FSMCで「設定」-「サービス」の「フロー」を選択し、「サーバー」の「編集」をクリックして、表示される画面の「サーバー名」ボックスに新しいサーバー名を入力し、「保存」をクリックします。変更を有効にするには、フローサービスの再起動が必要です。

「HTTPリスナーポート番号」では、HTTP通信で使用するポート番号を設定します。初期値は「21380」です。

HTTPリスナーの編集
URL実行のリクエストをダンプするには

URLトリガーの実行結果など、受信したHTTPリクエストの内容をファイルに出力できます。設定するには、FSMCの「設定」-「サービス」の「フロー」画面で「HTTPリスナー」の「編集」をクリックし、「ダンプ」を有効にします。

HTTPリスナーのダンプを有効にする

1 FSMCにログインし、「設定」-「サービス」の「フロー」を選択し、「HTTPリスナー」の「編集」をクリックする

2 編集画面で、「ダンプ」のボタンをクリックして「ON」にし、「保存」をクリックする

保存が完了し、再起動を促す画面が表示されたら「OK」をクリックして閉じます。ダンプを有効にすると、ダンプフォルダーの下に、受信した内容およびレスポンスとして返信した内容が、「~.request」、「~.response」のようなファイル名で出力されます。

HINT
ダンプフォルダーを変更するには
編集画面の「ダンプフォルダー」ボックスに、出力先のフォルダーを[INSTALL_DIR]/flowフォルダーからの相対パスまたは絶対パスで設定します。作成済みのフォルダーパスを指定してください。「ダンプフォルダー」ボックスの値が空の場合の出力先は、[INSTALL_DIR]/flow/logフォルダーとなります。

CAUTION
HTTPリスナーのダンプは、基本的には「無効」(OFF)に設定し、障害調査等の場合のみ「有効」(ON)に設定するようにしてください。デフォルトは「無効」です。

SSL／サーバー証明書／クライアント証明書

証明書を作成するには

フローサービスがサーバーとしてSSL通信を行うときに使用するのがサーバー証明書、クライアントとしてSSL通信を行う場合に使用するのがクライアント証明書です。サーバー証明書およびクライアント証明書の作成は、FSMCの「設定」−「SSL」から行います。

サーバー証明書を作成する

1 FSMCにログインし、「設定」−「SSL」−「サーバー証明書」を選択して、「作成」をクリックする

2 画面の指示に従って各項目を入力し、「作成」をクリックする

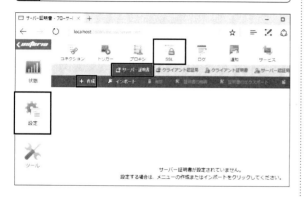

作成が完了し、再起動を促す画面が表示されたら「OK」をクリックして閉じます。設定を有効にするには、フローサービスを再起動します。

HINT
クライアント証明書を作成するには

「設定」−「SSL」−「クライアント証明書」を選択し、「作成」をクリックします。

証明書をインポートする場合は「インポート」をクリックします。

CAUTION
証明書を追加、更新、削除した場合は、内容を反映させるためにフローサービスを再起動してください。

HINT
外部で発行したサーバー証明書を登録するには

認証局から発行された証明書を格納するには、「設定」−「SSL」−「サーバー証明書」画面で「証明書の格納」をクリックします。表示される画面で、認証局に発行された証明書ファイルを指定し、証明書ファイルにルート認証局への証明書連鎖が含まれていない場合には、認証局の証明書、中間認証局の証明書が含まれているファイルも指定して、各パスワードを入力してから、「実行」をクリックします。

HTTPSリスナーの有効化

SSLを使えるようにするには

FSMCでサーバー証明書を登録したあとに、「HTTPSリスナー」を「有効」に設定することで、HTTPSによる通信を受け付けることができるようになります。FSMCの「設定」-「サービス」の「フロー」画面で「通信」の「編集」をクリックして変更できます。

HTTPSリスナーを有効にする

1 FSMCにログインし、「設定」-「サービス」の「フロー」を選択する

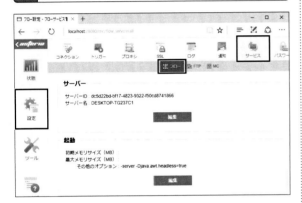

2 「通信」の「編集」をクリックする

3 「HTTPSリスナー」のボタンをクリックして「ON」にし、「保存」をクリックする

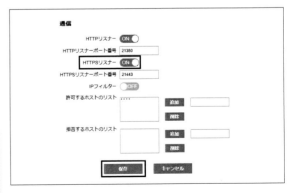

保存が完了し、再起動を促す画面が表示されたら「OK」をクリックして閉じます。設定を有効にするには、フローサービスを再起動します。

HINT

サーバー証明書を登録したあとで「HTTPSリスナー」を「有効」(ON)に設定することにより、HTTPSによる通信の受け付けが可能になります。初期値は「無効」(OFF)です。

HTTPSのポート番号を変更するには、「HTTPSリスナーポート番号」ボックスに、新しい番号を入力します。初期値は「21443」です。

HTTPSリスナーの編集

SSLのデバッグログを取得するには

SSL通信でのデバッグログを出力することで、通信エラーなどの原因を調査できます。出力を設定するには、FSMCの「設定」-「サービス」の「フロー」画面で「HTTPSリスナー」の「編集」をクリックし、編集画面で「SSLデバッグログ」を有効にします。

SSLデバッグログを有効にする

1 FSMCにログインし、「設定」-「サービス」の「フロー」を選択し、「HTTPSリスナー」の「編集」をクリックする

2 編集画面で、「SSLデバッグログ」のボタンをクリックして「ON」にし、「保存」をクリックする

作成が完了し、再起動を促す画面が表示されたら「OK」をクリックして閉じます。設定を有効にするには、フローサービスを再起動します。

HINT

「SSLデバッグログ」を「有効」(ON)にすることで、ログが出力されるようになります。SSL通信でクライアントが接続できないなどの場合に、SSLデバッグログを出力することにより、SSL通信エラーとなっている原因の特定が容易になります。なお、「SSLデバッグログ」の初期値は「無効」(OFF)です。

索引

記号・数字

「**」と「*」の違い	018
2行目から読み込みを開始する	014

ABC

Asc 関数	039
BranchByComponentProperty コンポーネント	063
BranchByException コンポーネント	063, 072
BranchByStreamType コンポーネント	063
BranchEnd コンポーネント	063, 065
BranchStart コンポーネント	062, 063
Break コンポーネント	061
Choice コンポーネント	063, 065
Concatenate 関数	036
Const 関数	037
Converter コンポーネント	023
CopyFile コンポーネント	019
CSV 形式で編集	016
CSV ストリームのプロパティ	014
CSV ファイルを1行ずつ読み込む	021

DEF

DecryptAES コンポーネント	025
DeleteFile コンポーネント	020
DeleteSchedule コンポーネント	155
DynamicConnection コンポーネント	121
Embed 関数	038
EncryptAES コンポーネント	025
End コンポーネント	005
End と EndResponse の使い分け	005
ExcelInput コンポーネント	084
ExcelOutput コンポーネント	090
ExcelPOIInput コンポーネント	084
ExcelPOIOutput コンポーネント	090
ExcelSheetDelete コンポーネント	103
ExcelSheetList コンポーネント	102
Excel データの更新	090
Excel データの取得	084, 088
Excel ビルダー	085, 091
Excel ビルダーを起動する	094
Exception	068
ExceptionReturn コンポーネント	074
Exception コンポーネント	075
EXE コンポーネント	160
FastInsert コンポーネント	120
FileGet コンポーネント	010, 059, 122
FileList コンポーネント	018, 060
Filename 関数	042
FilePath ストリーム変数	041
FilePut コンポーネント	017, 122
FlowInvoker コンポーネント	081
FlowService.log	164
FlowService.log ログを解析	168
FormatDate 関数	035
FTP	140
FTPDownload コンポーネント	141
FTPFileList コンポーネント	140
FTPGet コンポーネント	141
FTPPut コンポーネント	142
FTPScript コンポーネント	142
FTPUpload コンポーネント	142
FTP 起動のフロー	145
FTP クライアント	140

FTPサービスの設定 143
FTPサービスのユーザーを設定する 144
FTPの実行設定 146

GHI

GZIPやTAR形式での圧縮と展開 022
HtmlParseコンポーネント 178
HTMLにデータを差し込む 174
HTMLを解析 178
HttpEndコンポーネント 148, 151, 176
HTTPGetコンポーネント 170
HTTPPostコンポーネント 170
HttpStartコンポーネント 005, 148
HTTPSリスナーの編集 184
HTTPSリスナーの有効化 183
HTTP起動の実行設定 149
HTTP起動のフロー 148
HTTPサービス 170
HTTPリスナーの編集 181
HTTPリスナーポート番号 180
IMAP4 136
IMAP4コンポーネント 136
IntervalScheduleコンポーネント 155

JKL

JavaClassコンポーネント 159
JavaInterpreter関数 159
JavaInterpreterコンポーネント 158
Javaコード 158
Jis関数 039
JSONDecodeコンポーネント 176
JSONEncodeコンポーネント 176
JSONをストリーム変換する 176
Logコンポーネント 165
LoopEndコンポーネント 061
LoopStartコンポーネント 060
Lower関数 039

MNO

MakeDirectoryコンポーネント 020
Mapperコンポーネント 030, 052, 058
MoveFileコンポーネント 019
MQL 063
Multiply関数 032
Mutexコンポーネント 157
NextFlowコンポーネント 080
Now関数 034

PQR

ParallelSubFlowコンポーネント 082
PDFコンポーネント 104
POP3 136
POP3コンポーネント 122, 136
RDBDiffコンポーネント 119
RDBGetコンポーネント 060, 110
RDBMergeコンポーネント 120
RDBPutコンポーネント 114, 122
RDBコネクション 108
RDBデータの更新 114
RDBデータの取得 110
RecordAggregateコンポーネント 128
RecordFilterコンポーネント 124
RecordGetコンポーネント 021, 060
RecordJoinコンポーネント 125
RecordLoopコンポーネント 060
RecordSortコンポーネント 066, 126
RecordSQLコンポーネント 127
RecordTransposeコンポーネント 127
RegexpReplace関数 040
RegularScheduleコンポーネント 155
RESTコンポーネント 170
RQL 063

STU

ScheduleList コンポーネント	155
SELECT テスト	112
SimpleMail コンポーネント	132, 134
SingleSchedule コンポーネント	155
Sleep コンポーネント	156
SMTP コネクション	132
SOAP	173
SQLCall コンポーネント	118
SQL ビルダー	110, 111
SQL 文の指定方法	127
SQL 文を設定する	112, 118
SSL	182, 183
SSL のデバッグログを取得する	184
Start コンポーネント	005
StreamGet コンポーネント	024, 025
StreamPut コンポーネント	024
StreamRemove コンポーネント	024
SubFlow コンポーネント	076
Sum 関数	033
SwitchRegexp コンポーネント	063, 065
Switch コンポーネント	063, 064
TableDB 関数	129
TextSplitLoop コンポーネント	060
Timer コンポーネント	076, 154
Trim 関数	039
UnzipFile コンポーネント	022
UnZip コンポーネント	022
Upper 関数	039
URL 実行のリクエストをダンプする	181
URL トリガー	149
URL リダイレクション	150

VWXYZ

Validation コンポーネント	056, 065
Velocity コンポーネント	071, 174
WebService2 コンポーネント	173
WebService コンポーネント	173
Web サーバーのポート番号を変更する	180
Xpath	063
ZipFile コンポーネント	022
Zip コンポーネント	022

ア

「アーカイブ」タブ	022
圧縮後に元ファイルを削除する	022
アプリケーションログ	164
アプリケーションログを表示する	167
一定時間停止する	156
インポート	028
引用符で囲まないようにする	014
エクスポート	028
エラー情報	073
エラー処理	068
エラー処理後にメインフローに戻る	074
「エラー処理後の動作」プロパティ	074
エラー処理フロー	070
エラー処理プロパティ	069
エラーの内容で処理を分岐させる	072
エラーメッセージ	071
エラーメッセージを参照する	075
エラーを発生させる	075
大文字小文字を変換する	039
「お気に入り」	030

カ

開始コンポーネント	005
外部からフローを実行する	163
外部プログラムを実行する	160
外部変数セット	046
「書出し処理」プロパティ	098
カスタム関数またはカスタムコンポーネント	159
関数	054
関数コレクション	054
関数の説明を入力する	037

キー違反エラー	117	終了コンポーネント	005
キー定義	117	終了コンポーネントの選択	074
「キーにする」項目	117	「出力形態」プロパティ	074
キーの設定	098	出力ストリーム変数	041
キーブレイク罫線	100	出力フィールド	031
休日のフロー実行	153	出力ログレベル	164
区切り文字を指定する	014	「取得する値」プロパティ	179
クライアント証明書	182	条件式	051, 063
繰り返し処理	058	条件付きレイヤー	050
繰り返しの終了	061	条件分岐	062
繰り返しを途中で抜ける	061	証明書	182
公開ファイルのURL	150	新規シートへの出力	101
コネクション	108	新規フローの作成	002
コネクションペイン	108	新規プロジェクト	002
コネクションを作成する	108	スケジュール起動	152
コネクションを動的に変更	121	スケジュール起動の種類	153
コピー処理後にファイルを削除する	019	「スケジュール」タブ	154
コンパイル	006	ステップアウト	162
コンポーネント名を確認する	011	ステップイン	162
		ステップオーバー	162
		ステップ実行	161

サ

サーバー証明書	182	ストリーム	012
サービスプロセスの確認	143	ストリーム型とフィールド定義	023
サブフロー	076	ストリーム型の種類	012
サブフローを並列に実行する	082	ストリーム定義	012
シート一覧	102	ストリーム定義セット	026
シート名を動的に設定する	101	ストリーム定義を再利用する	026
シートを削除	103	ストリームの型	012
シートを追加	101	ストリームの型を変換する	023
システムコネクション	109	ストリームの取得後に削除する	025
システム変数	046	ストリームのフィールド定義	015
システムログ	164	ストリームプロパティ	013
「実行する処理」プロパティ	117, 118, 120	ストリームペイン	012
実行設定	152	ストリーム変数	041, 045, 046
実行設定の一覧を表示する	152	ストリームをJSON形式に変換する	177
実行設定の定義を変更する	139	ストリームを圧縮／展開する	022
実行設定を削除する	146	ストリームを暗号化する	025
指定時間後に別フローを実行する	154	ストリームを一時的に保存する	024
指定日時に別フローを実行する	155	ストリームを削除する	024
		スリープ	156

正規表現 — 040
セルの書式情報 — 094, 096

タ

多分岐処理 — 064
単一セルの扱い — 089
ダンプ — 181
追加書き込み（追記）する — 017
次のフローを呼び出す — 080
定型のフロー — 004
データ型の種類 — 015
データベース — 110
テーブル定義書 — 123
デバッグ — 161
添付ファイル処理フロー — 138
添付ファイル付きメールの送信 — 134
テンプレート — 004
動的にサブフローを実行する — 081
ドキュメントルート — 150
トランザクション化 — 122
トリガー起動のフローをデバッグ — 163
トリガーごとのフローの作成 — 152

ナ

入力データをチェックする — 056
入力フィールド — 031
「入力をそのまま出力」プロパティ — 052

ハ

排他制御 — 157
バッチファイル — 160
パラメーター — 078
パラメーターと変数 — 079
パラメーターの取得と設定 — 158
パラレルサブフロー — 082
パラレルでのループ処理 — 061
パラレル分岐処理 — 066

半角や全角を統一する — 039
日付データを加工する — 034
ファイル一覧を取得する — 018
ファイルパスの指定 — 020
「ファイルパス」プロパティ — 010, 043, 092
ファイルパスを参照する — 041
ファイルパスを動的に設定する — 043
ファイルへデータを書き込む — 017
ファイル名をパス文字列に埋め込む — 042
ファイルやフォルダーを圧縮／展開する — 022
ファイルやフォルダーをコピーする — 019
ファイルやフォルダーを削除する — 020
ファイルを1行ずつ処理する — 021
「ファイルを更新」プロパティ — 092
「ファイルを添付」プロパティ — 134
ファイルを読み込む — 010
フィールド定義 — 015
フィールド定義のインポート／エクスポート — 028
フィールド定義を再利用する — 028
フィールドの順番を変更する — 016
フィルターでログを絞り込む — 167
フォルダーを作成する — 020
ブラウザから実行 — 148
ブラウザでファイルを開く — 150
ブランチ — 062
ブレークポイント — 162
フロー — 002
フローサービスのサーバー名を変更する — 180
フロー実行の日時を指定する — 152
フローの実行 — 007
フローのテンプレート — 004
フローの呼び出し元を検索する — 080
フロー変数 — 044, 046
フローを追加 — 004
プロジェクト — 002
プロジェクトの保存とコンパイル — 006
プロジェクトやフローの名前を変更 — 003
プロジェクトを削除 — 003
プロジェクトを保存する — 007
プロパティ式 — 046, 047

「プロパティ式の編集」ダイアログ	047
プロパティ名を見やすくする	018
分岐の待ち合わせ	065
並行的に分岐させる	066
並列に実行	082
「ベースセレクター」プロパティ	178
別のフローを呼び出す	076
別のユーザーのフローを実行する	081
ヘルプを参照する	008
変数	041
変数に値を設定する	044
変数の値を参照する	046
変数の種類	046
変数の命名規則	044
ポート番号の変更	180
ホームフォルダーの場所	011

マ

毎週実行するように設定する	153
マッパー	030
マッパー関数	032
マッパー関数（日付）	034
マッパー関数（文字列／正規表現）	036
マッパー関数を組み合わせて使う	054
マッパーでログ出力を設定する	165
マッパーのデバッグ	162
マッパー変数	046
マッピングウィンドウ	031
マッピングシミュレーター	052
見出し行を出力する	014
メインフロー	076
メール監視起動のフロー	137
メール監視の実行設定	139
メールにファイルを添付する	134
メールの受信を設定する	136
メール本文の処理フロー	137
メールを送信する	132
メタ文字	036
メッセージペイン	006

文字エンコードを指定する	011
文字列データを加工する	036

ヤ

ユーザーコネクション	109
「読込み開始行」プロパティ	021

ラ

ループ処理	058
ループの終了／中断	061
「ループを開始」プロパティ	058, 059
例外処理	068
レイヤー	048
レコード終了条件を設定する	087
「レコード」タブ	124
レコードの値を集計する	128
レコードの行と列を入れ替える	127
レコードの差分	119
レコードのジョインを実行する	125
レコードをSQLで加工する	127
レコードを絞り込む	124
レコードを処理する	124
レコードをソートする	126
ローカル変数	046
ログ出力	164
ログビューアー	166
ロックを設定する	157

ワ

ワイルドカード	018

参考情報

ASTERIA

https://www.infoteria.com/jp/warp/
データ連携ミドルウェアNo.1 ASTERIAの公式サイト

ASTERIA Developer Network

https://asteria.jp/
ASTERIA製品の技術者向け情報サイト

ASTERIA User Group (AUG)

https://aug.asteria.jp/
ASTERIAユーザーグループの公式サイト

ASTERIA無料体験版

https://www.infoteria.com/jp/contact/asteria/trial/
無料の期間限定体験版申し込みサイト

ASTERIA無料体験セミナー

https://event.infoteria.com/jp/event/etaiken/
ASTERIA WARPのハンズオンセミナー申し込みサイト

ASTERIA Facebook

https://www.facebook.com/asteriajp/
ASTERIA公式Facebookページ

著者紹介

大月 宇美 （フリーライター）

コンピュータ商社、出版社勤務を経て1999年に独立。コンピュータ書籍を中心に、執筆・編集・校正などを幅広く手がける。著書に『新標準HTML5 & CSS3辞典』『できるPRO WordPress – Linuxユーザーのための構築&運用ガイド』（以上インプレス）、『ひと目でわかるOutlook 2016』（日経BP社）など。

[監修・協力]
インフォテリア株式会社

[スタッフ]　カバーデザイン　田中 佑佳
　　　　　　本文レイアウト　株式会社シンクス
　　　　　　編集　　　　　　鈴木 教之（Think IT編集部）